U0123577

有效学习，才能高效成长

小猫倩倩———著

Effective learning
enables
efficient growth

台海出版社

图书在版编目（CIP）数据

有效学习，才能高效成长 / 小猫倩倩著.—北京：
台海出版社, 2022.11
ISBN 978-7-5168-3393-3

Ⅰ.①有… Ⅱ.①小… Ⅲ.①成功心理—通俗读物
Ⅳ.①B848.4-49

中国版本图书馆CIP数据核字（2022）第168582号

有效学习，才能高效成长

著　　者：小猫倩倩			
出 版 人：蔡　旭		封面设计：	
责任编辑：曹任云			

出版发行：台海出版社

地　　址：北京市东城区景山东街20号　　邮政编码：100009

电　　话：010-64041652（发行，邮购）

传　　真：010-84045799（总编室）

网　　址：www.taimeng.org.cn/thcbs/default.htm

E-mail：thcbs@126.com

经　　销：全国各地新华书店

印　　刷：天津光之彩印刷有限公司

本书如有破损、缺页、装订错误，请与本社联系调换

开　　本：880毫米×1230毫米　　1/32

字　　数：141千字　　　　　印　　张：7.5

版　　次：2022年11月第1版　　印　　次：2022年11月第1次印刷

书　　号：ISBN 978-7-5168-3393-3

定　　价：49.80元

目录

第一章　人生管理

第二章　学习方法

第三章　成长抉择

第四章　高效行动

第五章　职场指南

第一章

人生管理

我只过自己想要的生活

我在身边人眼中还算是一个挺努力上进的人。刚毕业的时候我23岁，初入职场时在一家央企干了两年。因为想要看看外面的世界，在亲朋好友的反对声中我坚持辞职，开启了创业之路。在工作之余，出于兴趣我开始从事自媒体行业，努力了两年，全网关注者大概有八十多万人。后来我开设了自己的写作课程，陆陆续续也有两千五百多名付费学员。到28岁的时候，我又重新拾起18岁那年"要考北大"的梦想，去北京大学光华管理学院攻读MBA（工商管理硕士学位）。

现在的我依然在"折腾"的路上。作为一个努力的普通人，我想写一些东西激励正处于迷茫阶段的年轻人，希望可以帮助大家看到这个世界更多的可能。

足够"痛"，才会改变

有些人下定决心要瘦身，却管不住自己的嘴；有些人定下每周阅读一本书的计划，过段时间后却发现自己只看过寥寥数页；有些人发誓从第二天开始努力学习英语，却在背了一页单词后不再提起。

我们一直期待着美好，比如为朋友圈里他人的健身照片而惊叹，为朋友用外语与人谈笑风生而心生羡慕，为一场讲座、一篇"鸡汤文"而斗志满满。当憧憬美好的时候，我们会为自己定下一系列的规划——去健身、学外语、要努力等等。但是很多人在定下计划后却总是虎头蛇尾，一直拖延而没有行动。这真是我们想要的生活吗？为什么我们的心愿总是实现不了呢？

我想，可能是因为我们还不够"痛"。那些改变对你来说只是"锦上添花"，而非迫在眉睫的事情。现实本身并没有那么糟糕。相比而言，改变才是真正让你觉得不舒服的事。当你有强烈的愿望，或者是现实促使你不得不去改变的时候，你才会有足够的动力去迈出第一步。比如我下定决心辞职创业，是因为我不能忍受舒适而平淡到老的生活。每一次做出重大改变，都是因为我在一个状态下待久了遇到了瓶颈，不能忍受原地踏步。就像我决定去读取MBA，就是因为对结识新朋友和学习新知识的强烈愿望。

如果你喜欢有挑战的生活，可以去主动体验把自己放在不确定环境下解决问题时"痛并快乐"的感觉；如果你喜欢稳定的生活，那就接纳自己这样的心态，去创造生活中平静美好的幸福。生活好与不好，只有你才有裁定权。千万别让自己感到别扭，比如明明你心底里喜欢安稳的生活，看到身边人努力的时候却不甘心，那样的话只会让自己过得非常累。

向万物学习

成长最快的方式就是学习。但这个学习与我们以往的理解又有些不同。很多人天天学习，到处上课、读书，可是收效甚微。这就好像一个人看的菜单越多越不会点菜一样。人有时掌握的信息越多，心里就会越乱。如果不具备甄别和筛选信息以适配自己系统的能力，很快会发现，对于同一件事情，不同的老师会给出完全不同但都很合理的方案，这时候你就不知道该如何是好了。

我们千万不要陷入盲目努力学习的陷阱里，这样其实是在逃避现实和问题。对于在职人员来说，更不要放弃事业和家庭，选择全职学习。我们在事业中、在家庭中、在生活中的体验与领悟，才算是真正的学习。修行的最好场所就是社会。

庄子在《大宗师》中有个观点，"道"是最值得敬仰的老师。"道"是宇宙和自然的规律。不是只有人才能成为我们的老师，我们可以向万事万物学习。

你可以向你的手机学习，学习它是如何同时处理多个并行的程序又不会"卡死"的。当你自己在工作中同时要处理多个事务的时候，就可以借鉴手机的处理方式。

你可以向四季学习。一年当中不是每天都艳阳高照、温暖和煦的，四季之中也有寒冷冬天。正如人生也会遇到寒冬，也会有迷茫、低谷，也会有负面情绪。你要知道冬天再寒冷，总有一天也会过去。我们的意志再消沉，效率再低，只要好好调整，总能重新振作起来。

学习要经过三个阶段——闻、思、修。闻就是听老师讲课或者自己看书。思就是思考和质疑老师讲的内容是否有误，逻辑是否通顺。要经过这样一个过程，知识才会变成自己的。修就是修炼和练习。如果没有把知识内化成自己的想法，那它还只是别人告诉你的道理，不会被真正掌握。在我看来，修是学习中最重要的阶段。

现在的社会节奏太快，很多人都想速成，市面上充满了各种诸如"零基础三天学会""七天养成一个新习惯"等课程。我们很难有耐心去慢慢修炼自我。这里的困难并不是在技术上难以实现，而是我们无法坚持下去。

我们总是希望自己在最短的时间里实现最多的目标。一个从来不读书、不爱运动、经常睡懒觉、饮食习惯很随意的人，总是希望在实施新计划的第一个月，甚至第一周里就脱胎换骨，迅速养成读书习惯、拥有好身材、变得自律起来。但往往现实中你会发现哪一个目标都没有实现。修炼没有什么奇门绝技，就是简单地花时间、下功夫。当你消耗的时间和精力都足够了，自然就能做到了。

同样，当你把精力放在错误的地方时，你也会因此误入歧途。如果你常常"练习"抱怨，你会非常"擅长"抱怨。作为抱怨的"专家"，生活里没有哪一件事情会让你感到满意。即使别人看不出来，你也一定能从中发现值得抱怨的点。你会抱怨客户提出的要求太刁钻，抱怨孩子不听话，抱怨同事在工作中的表现不合你的心意。

如果你常常"练习"愤怒，你会非常"擅长"愤怒。作为愤怒的"专家"，一点鸡毛蒜皮的小事都会让你瞬间被点燃。比如早上开车上班的时候被人加塞，你会变得极其愤怒，而这种愤怒的情绪甚至会持续一个上午。因为开会耽误了一会儿，中午去公司食堂的时候已经没饭了，你又会愤怒不已，觉得这是对自己的不公平，甚至整个下午的状态都受到影响。就这样，你整天都会沉浸在愤怒之中。

如果你常常"练习"焦虑，你会非常"擅长"焦虑。作为焦虑的"专家"，即使这件事情发生在未来，即使与你无关，你也会因此而感到十分焦虑。就像当你看到别人考研失败的时候，你会感到焦虑；当你看到别人找到好工作的时候，你会感到焦虑；哪怕你看到别人待业在家的时候，你也会感到焦虑。你觉得每一个人遇到的问题都会发生在自己身上。

由此可见，我们应该去学习和练习如何拥抱喜悦和平静，这才是我们想要的生活。

尊重自己的花期

我有一位非常令我尊敬的老师。我跟随他学习经营与人生的道理。有一次上课的时候，老师问我和同学们："假如你是植物园中的一株植物，你希望自己是什么呢？"有的同学说希望自己是大树，有的同学说希望自己是小草，除此之外还有说希望自己是藤蔓、蒲公英、仙人掌等等的。

老师问那个希望自己成为蒲公英的同学："蒲公英看到大树长得如此高大，它会感到焦虑吗？"老师又问那个希望自己成为大树的同学："大树会羡慕蒲公英可以乘风而起吗？"

其实，它们本来就是不同的物种。蒲公英不会羡慕大树的高大，大树也不会羡慕蒲公英能乘风而起。它们都有着属于自己的特征。可是为什么我们却总是忍不住去和身边的人对比呢？为什么我们总是在羡慕别人事业有成，羡慕别人名气大，羡慕别人财富多，总是希望自己也能拥有这一切呢？为什么我们总是关注同学的成绩是否比自己好，关注同事的业绩是否比自己高，面对别人的升职加薪总是埋怨呢？

社会建立了一系列的竞争机制，在学校有分数、排名，在职场有绩效考核。在这样的体系下面，你会被"节奏"带着走。我们会要求自己在学校里拿到好成绩的第一名，在职场上拿到好业绩的第一名，不仅如此，就连结婚对象和生活质量也要和别人进行对比。

但其实，我们除了都是人以外，方方面面都天差地别。就像蒲公英和大树，它们虽然都是植物，但形态特征和花期完全不同。人就像植物，每个人都有自己的花期。可能有的人开花需要两个月，有的人需要六个月，有的人甚至可能需要五年。只要按照自己的节奏去生活就好了，你有你的花期，不需要在意别人的目光。

我们希望生活环境和工作环境永远稳定，但是变化又是必然会发生的。这时候，如果你没有自己的节奏，你就会受到环境变化的影响，比如看到别人做什么自己也会去做什么，不坚定的信念会让你的人生和事业被自己搞得一团糟。当我们在追求一个不可能存在的东西时，必然会陷入痛苦之中。

我们要永远把焦点放在自己身上，找到属于自己的节奏，跟着自己的节奏走，选择自己想要的生活。

如何高质量地度过大学时光

20岁时你做的事情，很大程度上影响了30岁以后的人生。如果你想要变得更好却不知从何开始做起，不妨来看看我的建议。

学什么才能终身受益

我本科学习的专业是电气工程及其自动化，毕业以后去了专业对口的企业。即便如此，我在工作中也仅仅用到了电路与电机学相关的少许知识，所用内容连大学四年所学的5%都达不到。

已经参加工作的同学大多对此深有体会：毕业以后从事的工作和在校期间所学的知识几乎没有多大关系。专业对口的工作都尚且如此，更何况那些一毕业就转行的同学呢？如果你恰好选择了自己不喜欢的专业，可能会有疑惑：既然以后工作和大学课程中的内容没什么关联，那么大学学的知识究竟有什么用呢？在回答这个问题之前，我们先来探究一下为什么要学习，该学什么内容，又该怎样去学。

我们的精力、专注力都是十分有限的，你在一件事上花费了较多的时间，就意味着你做另一件事的时间变少了。因此，在有限的时间里学习"正确"的内容就尤为重要了。

罗马尼亚管理学家约瑟夫·朱兰的"二八法则"告诉我们，在任何一组东西中，重要的部分只占其中的20%，其余80%的内容都是次要的。你几乎可以在任何地方见到"二八法则"的实例：社会上80%的财富掌握在20%的人手里，80%的销售业绩来源于20%的客户，考试中80%的分数来源于20%的重点内容……所以，与其用100%的精力学习一个领域100%的知识，不如用80%的精力去学习多个领域20%的精华。

投资大师查理·芒格认为，每个人都应该具备多元的思维模型，并且依靠这些模型的组成框架来进行决策。他把这些模型称为"普世的智慧"，意思就是适用于世界上形形色色问题的解决办法。这些思维模型来自数学、经济学、物理学、心理学等学科。

其实，学习的根本目的是改变人对某一事实或观念的思维方式。学习知识与技能就是为了能够看懂我们的自身经历，并解释我们所处的世界。

我们选择所学专业的理由各不相同，可能是父母代替自己做的决定，可能是自己头脑一热跟风选了某个专业，也可能是因为自己想去的专业没有去成而被调剂到现在的专业。总之，很多同学上了大学以后发现并不喜欢自己的专业，于是总为自己当下所学的专业而感到后悔和抗拒。然而一个残酷的现实是，即使当时你成功选择了自己喜欢的专业，也可能会有同样的感慨。

因为真正的刻意练习是很少有乐趣可言的，"寓教于乐"仅适用于学习的启蒙阶段，想要提高水平就必须付出努力。无论你学习什么专业都逃脱不了课程难、原理复杂、需要记忆的内容庞杂的现实。

记住，"不喜欢"并不是"成绩不好"的理由，懒惰才是。当然，不讲求方法的盲目努力也属于战略上的懒惰。

如果在学习的过程中你只是死记硬背，那么除了应付考试之外，知识对你的个人成长与未来职业发展并无帮助。但是，一旦你掌握了自学的方法、解决问题的思路与学科的底层规律，未来就职于任何岗位都会做到游刃有余。这才是大学教给我们最重要的东西。

这里给大家的建议是，无论你是否喜欢自己的专业，都要认认真真把它学好。学有余力的同学可以多了解一些其他专业的知识，尤其是数学、经济学、物理学、心理学等学科。课表宽松的时候你可以去"蹭"其他专业的课，也可以去图书馆找相关专业的入门书籍来自学。如果不是精通而只是达到掌握思维模型的程度，你需要学习的内容并不会特别多。有了这些跨学科的思维模型，当你真正遇到困难的时候，就可以调用多个领域的知识来解决问题。

怎样读书

大学阶段应当多读书，广泛涉猎各个领域的好书。有三种类型的书籍对我们尤其重要：一是文学类的书籍，二是专业类的书籍，三是致用类的书籍。

读书，主要是为了增长见识和陶冶情操。文学类的书籍读多了，人的谈吐、行为举止都会发生改变，"腹有诗书气自华"就是这个道理。经典的名著往往都依托于特定的历史背景，它们对于理解某个时期的世间百态颇有裨益。我对文学类的书籍通常都是只字不差地仔细阅读，遇到特别精彩的段落还会反复读几遍。谋篇布局、遣词造句、伏笔呼应等内容唯有静下心慢慢读才能品味到其中的曼妙之处。文学书籍对人的影响是一个潜移默化的过程，并不是说你一年快速翻完两百本文学书籍，从此就能谈吐不凡、随手写出好文章了，而是你必须要有大量的阅读基础，才能真正实现由内而外的改变。

专业类的书籍内容通常很枯燥，但阅读专业类书籍却是我们认知世界最有效的方式。倘若只是为了打发时间而读书，恐怕读得再多也毫无长进。只有不断地走出自己的舒适区，阅读对自己来说"晦涩难懂"的书，才能学到更多知识。在前面"学什么才能终身受益"的部分，我告诉了大家要重视基础学科的学习，这些学科最根本的原理性知识，还要通过专业类书籍获得。

致用类书籍是用来帮我们解决自身问题的。如果你对自己在人际交往方面的表现不太满意，就去阅读《非暴力沟通》与《沟通的艺术》之类的图书；如果你觉得自己总是管不住自己，就去阅读《自控力》之类的图书；如果你不知道怎么管理时间，那就去阅读《如何掌控自己的时间和生活》和《高效能人士的七个习惯》之类的图书。这些书通常会给出一套系统的方案，内容也条理清晰，层次分明，只要学会其中的方法，阅读的价值就实现了。我建议大家在阅读此类书的时候先看一下目录和序言，然后去翻章节后面的小结，再有针对性地阅读重要的部分，不需要从第一页一直翻到最后一页，更不需要逐字阅读。

互联网时代，知识焦虑似乎成了每个人的"标配"，人们一边在浏览手机里的碎片信息上花费大量时间，一边抱怨自己没时间读书、学习。移动阅读最大的危害就是信息内容碎片化。一个零碎的知识点就如同一粒沙子，沙子堆得多了只是变成沙丘，要想聚沙成塔，就必须让知识之间产生联结，让每个知识形成自己的知识体系。一本好书本身就是自成体系的，你在梳理这本书的体系时，也能学会自己建立知识体系的方法。

提升圈子的层次

古典老师在《跃迁》一书中提到三种学习的思路：第一种是遇到问题苦思冥想；第二种是遇到问题通过网络与书籍搜寻资料；第三种是遇到问题通过和别人沟通找到问题的答案。

这三种学习思路其实是一个循序渐进的过程。如果你不去主动思考问题，就不知道如何下手查阅问题的相关资料；如果你不查阅相关资料，就无法和别人进行有效的沟通从而解决问题。

遇到问题找别人沟通是其中最高效的学习方法。大家上学的时候应该都有这样的体会：自己百思不得其解的难题，问一问同学或者老师，一下子就茅塞顿开了。老师和同学是知识的传输者，你是知识的接收者。一个人独自思考容易钻牛角尖，而相互交流后就有了多维度的见解。用自己的答案去交换别人的答案，从多角度看问题，这就是所谓的"联机学习"。

成长就意味着你必须要放弃一些东西，虽然很残忍，却不得不这样做。人是一种很容易被环境影响的生物。可以说，你所能达到的高度在很大程度上取决于自己所处的"圈子"。比如你的室友每天打游戏不学习，在这种环境中，你也很难静下心学习；比如说你刚毕业进了一家稳定的公司工作，很容易就会被那种氛围感染，渐渐失去追求突破的斗志。对于第二点我是深有体会的。很多同学毕业一年之后就放弃了自己曾经想要通过一己之力改变所在企业现状的理想，学会了得过且过，只有极少的一部分同学跳出了舒适圈。因此，如果你想变得更优秀，就要主动融入更高层次的"圈子"。

根据"二八法则"，在你的人际关系网络中，有20％的人会对你的未来产生重要影响，他们比你更优秀、更上进，并且乐于帮助你。我们把身边的这些朋友称为"贵人"。他们还有比你更高层次的"圈子"。你要努力去结识这些属于20％的人，然后跟随他们融入新"圈子"，再去发现新"圈子"里的"新贵人"，一步一前进……

中学时期的重点班就是学校根据考试成绩给学生划定的"圈子"。上了大学以后，你可以主动去和那些身处高层次又与你有所交际的人建立联系。这种向上攀升的力量是巨大的。经济学和社会学中有一个术语叫作马太效应，就是说强者愈强，弱者愈弱。一旦你变得越来越优秀，加入了马太效应的正螺旋，你的努力得到的收益就会被放大。

比如说你在高考时成绩优秀，来到一所名校读书，那么就进入了向上攀升的第一个环节。接下来你会享受更好的师资和学习环境，同学也会成为你的社交资源，毕业时也更容易找到一份好的工作。有了一份好工作的经历，你跳槽时也更容易得到更好的岗位和更高的薪水。再比如说，现在很多人在做自媒体，一旦你拥有了"粉丝"基础，各种商务合作就会蜂拥而至，名气也随之水涨船高。无论是哪一种情况，一旦你进入了一个"好上加好"的正螺旋，就会以超乎自己想象的速度向上攀升。

　　但是在此之前你要明白，优秀的人通常更愿意和优秀的人做朋友。要让自己结交到更厉害的人，先要通过学习和读书让自己变得更厉害。

一个人最重要的能力是什么

我一直推崇一个提升自我的方法——刻意练习。只要掌握了这种方法，每个人都有机会在自己的领域成为杰出人物。这里我将分两部分着重地进行讲解。第一部分主要阐述刻意练习的思想，第二部分将结合工作与学习的经验谈谈刻意练习的方法。

刻意练习的思想

一个人最重要的能力是什么？一定是学习能力。学习能力是所有能力的元能力，是关于能力的能力。我们从出生就开始学习：学习吃饭、走路、穿衣服，然后在学校里度过十几年甚至二十几年的学生生涯，学习各种各样的知识。当我们步入社会，"以知识为中心"的学习暂时告一段落，"以个人发展为中心"的学习才刚刚开始：学习从事新的工作、学习组建新的家庭、学习为人父母的新角色……毫不夸张地说，一个人的学习能力决定了他能够到达什么样的人生高度，决定了他能成为一个什么样的人，决定了他能过上怎样的生活。

上学的时候，我们会发现同一个班中同学之间的学习成绩天差地别。它确实表现了一个不争的事实：不同的人在同一时刻接收相同的信息，对信息的处理能力却千差万别。造成这种差异的原因就是每个人刻意练习的能力不同。

我们每个人身边都不乏那种不怎么努力却成绩优秀的同学，他们并非日日埋头苦学的"书呆子"，他们的休闲娱乐都没有耽误，甚至在我们挑灯夜战的时候，他们早早上床睡觉，最后成绩还总是远远把我们甩在后面。每每想起此情此景，很多人不由得感慨天赋比努力更重要，然后长叹一声继续努力学习。

然而这些不怎么努力却成绩优秀的同学真的是因为天赋异禀才学习好的吗？或者说，他们真的有着注定比普通人聪明的基因吗？我们每个人的大脑都是有一定适应能力的，而研究表明，天才与普通人的大脑适应能力并没有什么不同，但他们的大脑结构的确与普通人不一样。而这些结构上的差异，正是在日复一日的刻意练习中产生的。心理学家安德斯·埃里克森在长达数十年的时间里研究各领域杰出人物以及他们获得成功的原因，最终得出了一个振奋人心的结论：如果使用正确的方法来练习，我们每个人都能成为天才。

关于练习，有一个广为流传的"一万小时定律"——只要在一个领域练习一万小时，你就能成为该领域的"专家"。比如，一个学生每天花八小时来学习，三年多就能成为"学霸"。一个刚入职的新人，努力工作几年就能成为行业中的精英。想想看，你已经学习或者工作了多少年，真的因为练习了一万小时而成为"专家"了吗？很遗憾，"一万小时定律"只是畅销书作家对于刻意练习的一次并不严谨的演绎罢了。这个定律有三点谬误：一是在不同的专业领域，成为专家的时间并不相同。一位世界一流的小提琴家、一位杰出的数学家、一位国际象棋大师——从他们开始接触自己所在的领域到他们成为专家花费的时间并不相同，不存在一万小时这个最低阈值；二是成功与练习时间并不完全成正比，即使是同一领域，不同的人成为专家所需的时间也不同；三是练习的成果与时间并不完全成正比，练习方法也同样重要。

不过"一万小时定律"倒是有一点值得肯定——那些杰出的人，一定在自己擅长的领域进行了大量的练习。不过这个练习可不是一般的练习，而是刻意练习。这也是那些不怎么努力却学习优秀的同学成绩好的原因。他们的学习效率非常高，更懂得如何规划自己的时间，有着强大的理解能力与记忆能力，大脑在有限时间内能处理更多的信息，因此比起埋头苦学的同学花费的时间更少。

我们这里区分一下两种练习，一种是普通练习，指的是机械重复地做某件事。花大量时间来进行普通练习，能力通常很难得到提高。你可能采用"题海战术"做了许多题目，成绩却毫无起色，也可能花了很长时间练习一首新曲目，依然没能达到乐器老师要求的水准。有些人从事一个岗位好多年，日复一日地重复相同的工作，技术却毫无长进。提倡普通练习的人认为人的能力上限是由天赋决定的，后天再怎样努力都无法突破，所以我们要做的就是发挥内在潜力即可。

而另一种是刻意练习，它是一种有目的的练习。刻意练习也会重复做同一件事，但不是机械性地做事，而是有针对性地关注重点，进行重复练习，在不断地修正错误的过程中得以提高。刻意练习证明，人能够做的不只是挖掘已有的潜能，还能够开发新的能力——只要你正确地进行练习。

人的潜能除了与生俱来之外，也能够通过后天练习得到。要理解这种颠覆天赋的突破，先要理解刻意练习的原理。有研究发现，长期的训练可以改变大脑中特定技能的相关结构——无论训练是从儿童时期开始的，还是成年以后开始的。这种结构的改变可以帮助我们更好地掌握新技能，无论是普通人还是天才，这一特质是相同的，这也证明了能力上限不是天生注定的。

心理学家把人的心理状态和行为模式划分为三种——舒适区、学习区和恐慌区。我们待在舒适区中，做自己习惯做的、有把握的事，会很有安全感，但也很难得到提高。学习区是稍稍远离舒适区的区域，在这里我们会感到不安，但是大脑的适应能力会起作用，很快我们就会适应新的环境。在恐慌区，事情就完全脱离自己的控制。我们在长时间里强迫自己做一件事，可能会导致倦怠和低效。所以刻意练习要在学习区进行。

为什么人们天生喜欢留在舒适区呢？其实这主要是由我们的生物学因素决定的。我们的每一个细胞、每一处组织都在为维持生命体的稳定做贡献。换句话说，"喜欢稳定"是刻在基因里的特质。走出舒适区之后，身体系统会处于异常状态，细胞会做出相应的改变来应对这种变化。

提到刻意练习，就不得不提到心理表征。心理表征指信息或知识在心理活动中的表现和记载的方式，体现在从短期记忆构建长期记忆的过程中。心理表征的数量与质量是反映专家和普通人差别的根本因素，也是造成学习能力有差别的根本因素。看到一个晦涩难懂的概念时，"学霸"能很快地理解这些术语，并且用自己的话记下来；面对长篇大论时，"学霸"能够准确地提取出重点，用更简单的方式记忆。不仅如此，"学霸"会通过联结知识点，建立知识树、知识图来记忆，而不是死记硬背一个个零散的知识点……刻意练习的过程其实就是创建有效心理表征的过程。

刻意练习之所以强大到足以提高潜能，就是因为它通过持续的、远离舒适区的训练，改变了人的大脑结构。刻意练习主要有几个特点。

有明确的目标。具体来说，刻意练习的目标由一个大目标和若干个非常明确而具体的小目标组成。这个大目标由一系列小目标带来的微小改变而实现。你的大目标可能是期末考试成绩进入年级排名前10%，但是首先你要独立完成老师布置的习题，并且保证足够的正确率。

需要关注。这种关注既包括做事情时的专注力，也包括关注目标。当你发现自己制定的目标实现起来有些难度时，要及时做出调整，对目标进行改进。

需要反馈。我们学习一门新知识时，通常开始是由老师指导的。小学的时候老师会告诉我们作业哪里错了，为什么错了，随着年级的升高，越来越多的学习过程从"老师教"变成了自学，错误也需要我们自己发现并改正。到了大学以后，学习的大部分过程都是在自学中完成的。在刻意练习的后期，学习者必须学会自我检测，并且进行相应调整。

针对知识的某些方面。在学习学校课程的过程中，关注重难点就属于刻意练习的方法。在学习的初始阶段，老师会教给我们最基本的技能，但随着能力的提升，学生不仅会使用这些技能，还会根据自己在使用过程中遇到的问题改进这些技能。

学习刻意练习的思维方式，最重要的就是通过有效的练习提升我们学习、工作的能力，高效完成任务。这里简单列举一些要点。

（1）任务难度适中。

（2）能收到反馈。

（3）有足够次数的重复练习。

（4）学习者能够纠正自己的错误。

我接下来谈谈在学习知识和技能的过程中进行刻意练习的方法。

刻意练习的方法

1.保持动机

你还记得自己年初定下的目标吗？现在已经完成了多少呢？看到这里，你是不是发现自己和去年一样没有按时完成计划，甚至还有一丝愧疚感呢？不过别急，并不是只有你会这样。心理学中有一个有趣的术语叫作"新年决心效应"，顾名思义就是大多数人新年时定下的目标根本不能完成。有目的的练习是一项艰巨的任务，它很难坚持下去。即使你依然在坚持练习，也很难长久地保持专注，进步会越来越缓慢，直到有一天再也无法说服自己前进。

几乎没有科学证据证明，世界上存在一种适用于任何情况的意志力。人们在某些情况中容易鞭策自己前进，而在其他情况下则很难做到。拿我自己来说，我对于"学习""练琴""按时作息"这种事情的意志力就比较强，坐在书桌前、琴旁很快能进入专注状态，也不会三天打鱼两天晒网而忘记复习、练琴。但是，我以前在管理金钱的时候却容易花钱如流水，控制不住自己想要消费的欲望，当然现在我已经改正很多。凯利·麦格尼格尔在《自控力》一书中这样写道："自控力和肌肉拉伸一样有限。"运用意志力的唯一方法就是建立新习惯——因为习惯比自控有效得多。

意志力和天赋一样，都是人们在事实发生之后再赋予某个人的优点。比如说，我们身边有朋友减肥成功了，我们就会说是因为他有强大的意志力才能坚持减肥。再比如说，一些学习不算努力的同学成绩非常好，我们会说是因为他智商高。

"相信天赋"最大的危害就是会让我们相信自己无法改变。而刻意练习告诉我们，人可以提升潜能而非仅仅挖掘潜能，如果相信自己天生的能力存在上限，那就永远没有办法突破。

驱使我们坚持下去的动力一定包括强烈的渴望而非仅仅是兴趣。让自己渴望继续前进，同时让自己放弃停下的念头。

比如学习一种乐器，一开始可能只是为了取悦自己。再比如努力学习，也许只是为了得到长辈的赞许。随着时间的推移，学习的难度越来越大，练习的强度也越来越大，仅凭兴趣很难坚持到学有所成的那一天。刻意练习的过程注定是艰难而枯燥的。

人的动机分为外在动机和内在动机两种。外在动机一部分来源于其他人的认可与崇拜，加入有共同目标的团体可以帮助你强化外在动机。比如说，你在宿舍看书会忍不住拿起手机，那就去自习室，在学习氛围中，你也会情不自禁地专注起来。考研很辛苦，那你就找几个同样想要考研的朋友，大家相互鼓励共同奋进。

经过一段时间的练习，你能看到自己的提升，这也就成了动机的一部分。我刚开始学习弹钢琴时很困难，记不住谱子，日复一日重复几个音节的练习让我几乎坐立难安。直到有一天，我发现自己可以完整地弹完一支简单曲子——快乐的感觉胜过那个年龄听到的所有表扬。当你绞尽脑汁解出一道难题，或改进学习方法后短板科目成绩得到提高，带来的快乐也是同样的。

很多人对自己当前的状态或多或少有一些不满意，并且希望能够改变自己。如果这种改变的愿望非常强烈，你就已经在改变的路上迈出了第一步，那么请坚持下去。但这还远远不够，你必须相信自己可以提高，终有一日能够跻身最优秀的人的行列。当你遇到瓶颈甚至出现滑坡、觉得自己快要放弃的时候，给自己定下一个协议——等突破了这个瓶颈，或者回到下滑之前状态的时候再放弃。真到了那个时候，也许你就不会放弃了。

新年的计划常常还没努力多久就夭折了，其中很常见的理由就是"挤不出时间"。为了保证自己不会轻易地中止练习计划，请务必给自己留出固定的练习时间。为此你可以给自己制定练习日程，规划好时间，并且保证有充足的睡眠。上学的时候，我每天留给自己练习弹钢琴的时间是固定的；工作以后，我也会每天晚上在固定时间里阅读。无论我们学习、锻炼身体还是做其他练习，一定要记得安排好固定时间。大家可以根据课程、工作安排和个人的作息习惯进行调整。

我们还要找出可能干扰练习的因素，并且将影响控制到最低程度。要使刻意练习高效地进行，你需要走出舒适区，还得在练习过程中保持足够的专注。这两件事都会使人心力交瘁。如果不能得到充足的休息，效果必然会大打折扣。

将大目标分解为一系列可控的小目标，每次只关注小目标中的一个。每当自己完成一个小目标，就给自己一个小小的奖励。

2.找个好导师

在练习的初期，你最好找个导师来帮助你，这样可以大大缩短你摸索前进的时间，也可以避免你在学习初期就养成一些坏习惯。

这里的导师是广义的，可以是现实中的教练和老师，也可以是网络上擅长某个领域的博主，或者不是具体的某一个人，而是互助的论坛。总之，你得找到一个在领域里比你懂得更多的人，并且让他帮助你纠正错误。初学者往往认识不到自己所犯的错误，从而在错误的道路上渐行渐远。导师可以帮助你创建心理表征，以后你就可以监控和纠正自己的行为了。

对于大学生和年轻的职场人来说，讲师的教授或是师傅的指导更多地偏向于点拨式，而不再是中学时代的手把手式教授。无论是提高成绩，还是快速学习业务知识，你的成果更多地取决于自学的程度。以初学者的身份毕业后，我们必须要学会自学，才能应对难度越来越大、越来越复杂的问题。

那么，在没有导师的情况下，怎样进行刻意练习呢？我们要自己设计练习方法，反复做一件事情，但不是机械地重复。在这个过程中要找出自己在哪些方面存在不足，同时关注自己在哪些方面取得了进步，尝试可以让自己提高的不同方法，最终找到适合自己的方法。

我们可以用"3F"来创建心理表征。3F指的是专注（Focus）、反馈（Feedback）和纠正（Fix it）。我们在练习的过程中要努力去复制那些优秀的人的成果，然后比较"复制品"与"原作"的差距，并予以纠正。刚开始学习写作文的时候，老师都会教我们仿写语文课本上的优秀语句；遇到了不会做的题，我们会借同学的作业来参考一下他的解答过程。其实这都是创建心理表征的过程，这个过程重要的是要通过反复练习，分析自己的不足之处再解决问题。

你一定还有过这样的体验——比如你想减肥，你就要求自己每顿饭少吃甚至不吃；比如你的成绩不够好，你就会做更多的题、在自习室待得更久……在开始阶段，这些改进是有成效的，但是很快就会陷入瓶颈。这会导致你开始怀疑自己是否因为不够努力才停滞不前，于是投入更多的时间与精力，但仍然收效甚微，甚至还会起到反作用。

这种一开始很顺利，后面却遇到瓶颈的情况在"系统思考"中有一个特定的名字，叫作"增长极限模型"。每个"增长极限模型"的杠杆作用点都在负反馈的环节上。因此，要想改变现状，你需要攻克特定的弱点，用新的方式挑战自己。

首先要搞清楚是什么让自己停滞不前，问问自己犯了什么错误，什么时候出错的，要逼迫自己走出舒适区，然后设计针对特定弱点的改进方法。你可以向导师或者伙伴寻求建议，看看他是如何正确解决的。在练习的时候你要重点关注自己的弱项，如果没有进步的话，再试试其他方法。

如果不能保持专注，再多的练习也是低效的。所谓专注，就是要投入100%的注意力去做一件事，给自己划定一个专注的时间段，尽可能地远离诱惑。腹式呼吸和冥想可以帮助我们提升自己的专注力。

如何走出迷茫期

我总是听到朋友向我倾诉一些问题，其中最多的问题就是"人生迷茫了怎么办"。的确，生活中简直有太多的问题让我们感到迷茫。

还在中学上学的学生，不知道自己努力学习的意义在哪里，不知道能不能考上心仪的大学，对于自己升学的前景感到迷茫；正在读大学的学生，因为阴差阳错被一个自己不喜欢的专业录取，也对于自己的学习感到迷茫；刚工作不久的年轻人，觉得自己的行业没有未来，想要转行又没有方向，对于这种情况更是感到迷茫；工作了十几年的中年人，有了自己的家庭和孩子，想要改变却被现实所束缚，同样会感到迷茫。

什么是迷茫？其实我们把上面这些迷茫的问题梳理一下，可以发现，迷茫大概能分成两类：第一类叫作"我不知道该做什么"，也就是目标感缺失的迷茫；第二类叫作"我不知道该怎么做"，也就是规划不足的迷茫。这两类问题，它们的本源是不同的，解决办法也是不同的。

这里先给大家介绍一个概念，叫作黄金思维圈。黄金思维圈将我们看问题的层面分为三个层次：第一个层次是"what"，即"是什么"的层次，是事物的现象、成果，或者我们具体做的每一件事；第二个层次是"how"，即"怎样做"的层次，是我们做事情具体的操作方法和措施；第三个层次是"why"，即"为什么"的层次，是我们做事情的目的与理念。

普通人做一件事，总是先开始做，才想着怎样去做，最后思考一下为什么要做。大多数人可能不会进一步思考。例如领导安排给我们一项工作，很多人都会为了完成工作而工作，而不去想布置这项工作背后的原因。黄金思维圈理论认为，厉害的人区别于普通人的主要原因正是在于厉害的人和普通人的思维方式是相反的。厉害的人会先想"为什么去做"，然后想"怎么去做"，最后才去执行。

目标感缺失，其实就是不知道"why"；规划不足，其实就是不知道"how"。其中这个"why"就是你选择做各种事背后的意义。想象一下你觉得迷茫的种种情形吧。

你看不到未来，不知道自己的学习、工作、生活有什么意义，其实是因为你不知道做事的目的。老师和父母告诉你，要好好学习，这样才能考上好大学，身边的同学也都在努力学习。大家都在做同一件事，于是你也努力去学——其实你不知道为什么要学习。在这样的过程中你就会产生疑问：如果我很努力但是没有考上好大学怎么办？我是不是就没有出路了？如果考上了好大学又会怎么样？我真的能因为考上好大学而过上自己想要的生活吗？

如果不知道做事的目标，即使所有人都告诉你这件事是正确的，你也很难说服自己。面对这一类的迷茫，就需要给自己正在做的事情赋予重要的意义。

对于普通人来说，读书的目的是什么呢？真的是为了考上好学校、拥有高学历吗？或者是为了用知识改变命运？

其实，改变命运的不是知识，而是你在学习过程中改变的思维方式。例如学习文学创作，其实是在学习如何把内在逻辑表现出来；学习自然科学，其实是在学习刨根问底，学习格物致知；学习经济学，你就会用经济学家的视角来看待问题；学习编程，学习的是由繁到简、从具象到抽象再到具象的能力。这些思维方式才是一个人的核心能力。掌握了这些核心能力，你就能在学校，在职场，在各个领域脱颖而出。

这些思维方式要怎样才能学会呢？其实就是在你学习那些喜欢或者讨厌的学科中，做那些不想做的实验的过程中学会的。如果你因为自己不喜欢一个专业或者一门学科就不好好去学，那简直亏大了。想一想你学习的意义吧，究竟是为了一个分数，为了一个毕业证，还是为了在学习的过程中改变思维方式呢？

很多人还会面对不知道工作意义的问题。当你怀疑一份工作是否正确的时候，可以试着从下面两个角度来思考。

第一，从更宏观、更高的视角来思考。比如我曾经的工作岗位是物资计划管理员，负责整个公司物资采购环节中的计划申报审核。这是电网建设中最重要的基础工作，因为物资供应环节，是关乎万家灯火的大事。从这个角度来看，我就会觉得自己的工作还是很有意义的。

比如你是一个汽车零件的制造工人，你只是看着手中的零件，当然会觉得没有意义。但如果你认为自己的工作是一款新车生产过程中必不可少的一环，一下子就会感觉到自己举足轻重。

第二，我们应该专注于工作的过程，想想自己能在其中学到什么东西。我在自己的第一份工作中养成了守规矩、勤检查、要谨慎的工作习惯。任何一份工作一定都有可以学到的东西。如果你左思右想都想不出来这份工作的意义，那就换一件自认为有意义的工作去做吧。

"how"的层次，是做事的通用方法论。规划不足引起的迷茫，表面上看是执行力的问题，深层次看其实是没有属于自己的解决问题的模式。

做事情的底层逻辑每个人都不太一样。规划不足引起的迷茫常常包含对现状不满，却不知道如何改变。比如你想要跳槽转行，却又不知道如何开始。

　　我这里提供一个解决迷茫的方法。解决的流程就是先找到自己能力圈的边界，再找到你要从事的这个新工作的必备技能，认识到你的能力差距，再去通过学习填补这些差距。然后你需要做出一个展示来证明自己已经具备了胜任新工作的能力，再带着展示出来的能力去追寻更高的平台。

　　如果你在前一份工作中培养的优势恰好是新工作中大部分人不具备的，那就更好了。例如《深潜》这本书中有一个案例：有一个在金融行业工作了许多年的人想要跳槽去一个环保组织，刚好那个组织需要一个财务总监，于是因为第一份工作的行业背景，她得以顺利转行。

　　再举一个我自己的例子。当初我想要转行到互联网行业。那时的我技术基础为零，对于究竟从事产品、市场、运营哪一个岗位的工作也没有主意。那么第一步我就要找到能力圈的边界，我要知道自己有哪些技能与互联网行业匹配。

　　我发现自己唯一匹配的能力就是对于用户的洞察力。我的洞察力还不错，写文章的底层逻辑其实就是洞察用户心理。

　　接下来我要去找到自己现有能力与岗位需要能力之间的差距。于是我就与一些从事互联网行业的朋友沟通，咨询一下他们对于我转行的看法。朋友们认为没有互联网领域的工作经验直接从事产品岗位的工作是不行的，而市场和运营岗位可以尝试申请，等转行有了相关经验之后再转到产品岗位。

于是我学习了一些互联网相关知识，最后敲定的方向是内容运营岗位，就是一个既要写文章又要分析数据的岗位。我之前创作和发表的文章就成为我能力最好的展示，这帮助我成功跳槽到了互联网行业。

还有一种普遍存在的问题就是对现状的不满，甚至不知道想要的生活是什么样子的，不知道自己为什么会感到迷茫。在我看来，解决这一类问题最有效的办法就是多见世面。

比如，你可以搜罗一下自己的朋友圈，或者是行业中你想要成为的人物，把他们作为你的榜样。实在是没有头绪的话，你可以多参加一些线下的沙龙、社群之类的活动。爱学习的人往往都会聚在一起，而且这些人往往都拥有闪闪发亮的人生，你很容易就能从中找到自己的榜样。

找到榜样以后，你就可以模仿他们的方式开始生活。如果是名人的话，关于他们早年的奋斗历程都会有传记或记录，这些资料你都可以在网络上找到。你会发现这些人的成功都具备一些关键点，你就去学习他们在关键点之前做了哪些事。如果你的榜样是朋友，你可以多和他们打交道，观察他们是怎么学习、工作的，观察他们是怎么思考问题的。

最后总结一下，所谓迷茫其实分两种类型：第一是目标感缺失，第二是规划不足。通过引入一个黄金思维圈模型，就能解决关于目标感缺失的"why"问题和规划不足的"how"问题。

　　解决目标感缺失，要去寻找自己做事情的真正意义。你可以通过站在更宏观的视角，或者专注于工作本身来寻找意义。如果实在找不到，那就重新寻找一个目标吧。解决规划不足，要通过反思来逐步建立自己做事情的模式。

解决焦虑的办法

我以前是个挺容易焦虑的人。

在上学的时候，每逢大型考试的前一天，我都会焦虑得睡不着觉；在工作之后，只要看到身边人在努力，我也会特别焦虑，觉得自己就要落后一样；在创业之后，当客户订单的数量减少时，我又觉得自己仿佛下一秒就要露宿街头。这种焦虑的情绪一直持续到我大学毕业后的第五年，我跟着一位老师学习到了一种让我内心安定的方法，终于从这种焦灼不安的状态中解脱出来。这里，我就把这种给我心灵力量，让我受益匪浅的方法分享给大家。

分清工具价值与终极价值

1.分清工具价值和终极价值

工具价值就是我们可以直观看到的那些自己在追求的东西，诸如更好的成绩和排名、更多的金钱、更高的职位和社会地位以及房产、汽车、奢侈品等。

但仔细想想看，我们想要的真的是金钱、房子或者是职位本身吗？假如赚来的财富一分钱都不可以花，也不能告诉任何人，甚至不可以让子女继承，那么你还想继续赚钱吗？这样的话，可能很多人就没有赚钱动力了，因为赚钱最终要获得的是别人的认同感、提升生活水平的舒适感以及消费在自己所爱之人身上带来的幸福感。

如果只是为了有地方住，我们可以选择租房。而选择买房是为了让自己和家人获得安全感，让我们居有定所，同时资产还能增值。孩子努力考取高分，是为了获得父母、老师和同学的认同；很多像我一样辛苦的工作人士还要应对高校的考试，很大一部分也是为了获得自我认同感。

这些真正想去追求的感受，就是工具价值背后的终极价值。

2.明白感受只存在于当下

拉长时间线来看，两年、二十年，甚至八十年，我们的生活其实并无差别。在历史的长河中，人生不过白驹过隙，来的时候什么都没有，走的时候什么也带不走。我们存在于世间的日子里，只有感受生活里真真正正属于自己的最重要。而感受只存在于当下。

如果我们忽视了终极价值，而一味去追求工具价值，可能等到你想要的工具价值都实现了，却发现自己的人生并不是自己想要的样子。就像电影《心灵奇旅》中的那个男主人公一样，他终于可以和朝思暮想的偶像同台演奏了，却发现这一天与平常没什么不同。而现实中还有更糟糕的情况，比如很多人创业的初衷是让家庭幸福，可到最后事业成功的时候，却发现自己失去了家庭，不仅孩子对自己疏远，夫妻间也形同陌路。

"感受只存在于当下"与"你做这件事的终极价值"是我现在每天都会提醒自己的两件事。它们让我活得比以往任何时候都要清醒。

比如说攻读MBA期间周末要考试。以前我会在考试前十分焦虑，但是现在，我会先问问自己考试的终极价值是什么，然后再延伸到另一个问题："我在工作之后重新选择读书的终极价值是什么？"通过一系列问题，我就能提醒自己攻读MBA的初心是增长见识、广交朋友和享受学习的过程，一下子也就从考试的焦虑中跳了出来。

相信自己，坚守信念

1. 相信自己

我们之所以焦虑，本质是因为我们不相信自己。

每个人的花期并不相同，但是社会有一些固化的评价标准，让我们觉得自己必须要跟大多数人同步。

我们不相信自己，所以我们会因为觉得自己没有跟上社会的节奏而产生慌乱。哪怕自己眼下跟上了节奏，我们依然会因为担心下一时刻的落后又陷入焦虑之中。

我们不相信自己，甚至还会不相信自己在意的人。我们不相信孩子会以他自己的方式长大，作为父母早早为孩子规划好了人生的道路，拼命去培养孩子。我们觉得如果孩子不按照我们想要的方式成长，孩子就过不好这一生。

我们不相信自己的感受，不相信自己的身体。我们拒绝承认人生存在低谷，总是想着怎样快速从低谷走出来。我们拒绝承认自己身心俱疲，总是想着怎样快速调整好状态继续去工作而不是好好休息。

我们不相信自己能突破困境。我们不相信自己能走出黑暗迎来光明。当遇到挫折的时候，我们总是灰心丧气，觉得前途一片灰暗。

所以想要告别焦虑，就先从相信自己开始吧，学会嘉许自己，也学会嘉许别人。试着嘉许自己，对自己说："我接纳我自己。我每天都可以变得更好。"试着嘉许别人。比如对自己的同事说："你为了调研这个项目写了十页的报告，你是一个特别认真负责的人。"比如对自己的伴侣说："你今天晚上特意下厨做了饭，你是一个特别用心生活的人。"比如对自己的孩子说："这道题你做了一个小时还在继续思考，你是一个坚持不放弃的好孩子。"

相信这会让我们的内心有更多的安全感、更少的焦虑感。

2.坚守信念

一个内心坚定从不焦虑的人，通常有一套不受外界影响的信念系统。无论顺境还是逆境，他都笃定地相信这些法则。我也有一些让自己安定下来不再焦虑的信念。

我坚信自己未来一定会过得很好。即使目前看起来不那么顺利，我也坚信自己有足够的能量让自己和身边的人过得很好。

我坚信每个人都有自己的使命，只要我正确地努力下去，总会有人来帮助我。我现在拥有的一切，都来自许许多多人的帮助，有支持我的朋友、相信我的伴侣、信任我的客户、点拨我的"贵人"、认同我的读者。我相信这些成就都不是单纯靠个人努力就能赢得的。也正因为自己的信念，我不会再像以前那样在意外界批评的声音，在意别人曲解的看法。我坚信所有的经历都是财富，没有好坏之分。人在顺境中是很难真正成长的，能力的提升正是源于解决问题的过程。

正是这些信念让我觉得眼下的困难或担忧都是过眼云烟，最终能找到出路。事实也的确如此，每当我觉得迷茫时，坚持下去总会峰回路转。

先从相信自己开始吧。跳出视角局限，怀揣着终极价值去做事，同时关注自己当下的感受，这样你就不会被具体的事情牵着鼻子走。希望你也早日和我一样拥有对抗焦虑的能力。

如何从根本上提高人际交往的能力

有很多朋友遇到过关于人际交往的问题，比如因为自己表达方式的错误引起别人的误会，或者是由于沟通不当引发一系列人际关系的问题。

如果你之前已经看过很多关于人际交往的书籍，发现自己的说话方式还是没什么改变，说明问题不是出现在技巧或者方法论上。下面我就和大家来探讨一下问题究竟出在哪里，怎样才能改变自己说话的方式，以及如何从根本上提高自己人际交往的能力。

你可能听过一个词，叫作"相由心生"。其实，我们说出的话也是受内心影响的。大部分情况下，我们跟身边人的交流并不会字斟句酌，而是会脱口而出，脱口而出的往往就是自己真实的想法。正因如此，你会发现自己学习了很多沟通的技巧，在开口说话的那一瞬间却一个都想不起来，这是因为你心里的想法没有改变，你看待事物的方式没有改变，所以你说出的话也不会改变。当改变对这个世界、对其他人的看法之后，你说出来的话自然也会随之改变。这个才是改变沟通方式、解决人际交往问题的底层逻辑。

1.放弃"一定要赢"的想法

曾经有读者咨询过我一个问题，说她和好朋友对一个社会现象的看法产生了分歧，为此吵得不可开交，到后来甚至发展到相互攻击的地步。她的朋友觉得她不可理喻，而她则认为朋友的"三观"有问题。这位读者越想越气，甚至想要和朋友绝交，但仔细想想又觉得之前两个人关系不错，不值得为一件小事而从此不再来往。于是她求助于我，想要知道如何让朋友承认自己错了。而我告诉她："为什么一定要让你的朋友觉得自己错了呢？你们其实可以跳过这个话题，去聊其他话题。"

当你在人际交往中下定决心想要赢对方的时候，其实你就已经成了输家。如果对方能够接受你的观点，就不会与你继续争论下去。如果不能，就算你在气势上压过对方，让对方哑口无言，那也只是让对方在嘴上承认你说的对，但心里依然不服气。看似你赢了对方，其实是输掉了你们之间的这段关系。你想要在对话中获得胜利的感觉，对方也一样。而对方暂时没得到的，之后会在其他事情上赢回来，给你难堪。类似的事情发生多了，你们之间的感情裂隙就会越来越大。你渐渐会觉得自己和这个朋友之间的关系并没有那么亲密，而且无论自己说什么对方都要反驳。到最后，你们会渐行渐远。

每个人的观点都是他过去全部人生经历的汇总，之所以大家会在某件事情上产生分歧，是因为人们原本的经历就各自不同。不过面对生活中经常反驳我的人，我会主动和他保持距离，避免成为关系亲密的朋友，因为和较真的人相处起来比较累。

当你放弃要赢的想法时，其实并不需要去学习委婉表达的技巧，自然而然地就避免了争执和针锋相对的谈话，也不会因为这些谈话而伤害到别人。

2.关注对方

我有一个老师给我的一位师兄布置了一项关于情商的作业，要求这位师兄与其他人一起吃饭的时候，确保对面的茶杯里不能没有水。

茶杯里有水是饭局中一个相当小的细节。当他关注他人茶杯里有无水时，同时也会关注到对方的表情、肢体动作以及语言中的情绪，并且会据此做出回应。而对方感觉到自己被关注了，就会更愿意打开心扉去交谈，并且认为师兄是一个心思细腻的人。

如果你没有专注地倾听对方的讲话，无论对方说什么，你心里想的都是自己想要说的话，而不是对方正在表达的内容。这种心不在焉的对话，很快就会结束。因为对方能够感觉到自己说的话没有被你认真听，因而失去了继续讲下去的动力。

在沟通交流中，你只需要关注对方就够了。只要你认真去听对方讲话，不需要太多的沟通技巧，你的大脑会根据你自己的理解给出对方回应，而你自己的表情和动作也都随之自然产生反馈。

3.不要假装

这里的假装，指的是你为了迎合他人而做出一些自己原本不会做的事，说自己原本不会说的话。意思就是，你本来是A类人，但是你怕别人不喜欢A类人，就把自己伪装成B类人来说话、做事。这样的话你会发现自己沟通起来特别累，每次讲一句话之前都要先用大脑思考好久，而已经说出口的话还要再慢慢回味一下有没有错误的地方。

人的注意力是有限的，而假装会非常消耗注意力。当你把注意力都放在假装上，你会发现自己留给爱好、思考、事业的时间、精力就没剩多少了。而且，靠假装来维系的朋友关系，其实并不会让你感到开心，反而会让你患得患失，担心自己失去朋友，担心对方嫌弃你，变得越来越不敢说话。

但其实，世界上存在各种各样的人，而各种各样的人也都会有人喜欢。我之前也曾有过讨好型人格，但现在已经不再刻意讨好别人。在我现在的生活里，一天之中大部分事情都是我自己主动去做的。我见到的人是我想见的，与对方的聊天方式也是我自己喜欢的。我以自己的坦诚来开始对话，也让对方坦诚地面对我。

以前我觉得人际交往特别累，尤其在人多的场合会时刻处在一种紧绷的状态中，脸上带着假笑到处嘘寒问暖，还给自己贴上个"社交恐惧症患者"的标签。后来发现，其实我需要做的只是转换心态。当我放下对别人的警觉和戒备，用开放的心态去沟通时，呈现出来的就是一种松弛的状态，而这种态度也会让别人放下戒备与我坦诚交谈。

做回自己是沟通中最省力的方式。只要你没有那么咄咄逼人，大家也会包容你独特的想法。同时你也要知道，无论你是哪一类人，都没有办法让所有人喜欢你，认可你，总会有人讨厌你的言行举止。这是客观事实，无法避免。但如果你因为一个人讨厌自己而不开心，为了一件必然发生的事情而感到忧虑，那着实没有必要。我们应该按照让自己舒服的方式来进行人际交往与生活。

4.用欣赏的态度看待对方

我们在表达不同意见的时候，会习惯性地指出对方的问题。这让对方得到的信号就是我们在指责他。这时，我们说话的内容正确与否已经不重要了，哪怕我们告诉对方的是真理，对方也会对我们产生负面情绪，有时只是出于礼貌没有把这种情绪表达出来。

其实，只要改变一下视角，用欣赏的态度来看待对方以及对方所做的事情，我们与他人的沟通方式自然就会改变。

比如你的男朋友给你炒了一桌子难以下咽的菜，如果你直言不讳地告诉对方很难吃，这在对方听来就是一种指责，也会让他感到委屈。毕竟你的男朋友也想尽力做好这桌子菜，奈何烹饪水平有限。可如果你用欣赏的态度来看待对方，那么你看到的就不再是一桌子难以下咽的菜，而是男朋友亲自下厨的勤劳和对你的关怀。同样一件事情，当你再去评判的时候，也许告诉对方的话就变成了："哇，你也太用心了，专门为了我做一桌子菜，好感动。同时有一个小小的建议，我们下回可不可以少放点盐呢？我觉得这样味道会更好一些。"认可对于接收信息的一方来说非常重要。有一个3K模型，就是说当你想要指出别人不足的时候，要遵循"先认可对方——再说需要改进的地方——最后重复表达认可"的方式。

这里有个小建议，就是当你在认可他人的时候，认可的内容可以具体一点。像"你好棒""你好厉害""你好优秀"之类的评价就只能算是泛泛而谈，而具体的认可则需要评论到他与众不同的那一点上。

比如说我去一个朋友家吃饭，当我表达对她烹饪水平的评价时是这样说的：对于大盘鸡，我会说"层次感很丰富"；对于红烧黄辣丁，我会说"鱼肉放在嘴里的瞬间像融化了一样"；对于青椒牛肉丝，我会说"牛肉非常鲜嫩，牛肉很容易炒老的，做得真不错"。这些认可比直接说"好吃""不错"更能打动人。

如何面对信息爆炸的时代

我们生活在一个信息爆炸的时代，当你打开手机的时候，每天会有数以万计的信息映入眼帘。你收到的信息中有太多精心营销的内容。你所看到的或许只是别人想让你看到的，而非事实。那么，如何去思考，又如何辨别这些信息的真伪呢？你需要直觉泵。

直觉泵是一种可以用来理解和思考的工具，它来源于一系列思想实验，能帮助人更好地思考。这个名词出自丹尼尔·丹尼特的《直觉泵和其他思考工具》一书。我在这里介绍他书中提到的六种经典的思考工具，帮助各位提高思辨能力。

1.史特金定律

史特金定律的内容是：任何事物当中90％的东西都是无用之物，只有10％才有意义。也就是说，人们做的事90％都是无意义的。这句话听起来有点粗暴，但是细细想来却有一种醍醐灌顶之感。这意味着，你可以不用在任何90%无意义的事物上浪费时间了。

我的工作内容之一是互联网创作，经常会接触到各种形形色色的言论，而史特金定律告诉我们，其中的90%都是无意义的。所以接触的言论若是属于90%的那部分，就根本不值得我浪费时间和精力去批判反驳。

我们往往难以舍弃沉没成本。买了一本内容差劲的书，想着既然买了就要坚持看完；去电影院看电影，开场半小时发现很无聊，想着既然已经买了电影票，还是看完吧。其实当我们遇到这种情况的时候，应该果断止损，把时间留给更有意义的事情。

2.奥卡姆扫把

某些理论的拥护者会本着不诚实的态度，把那些对自己不利的事实往地毯下面扫。通俗来说就是别人只会让你看到他想让你看到的一面。

我们在成长的过程中，或多或少都接触过一些"理论"，比如读书无用论。鼓吹这些"理论"的人会通过有选择性地列举各种事例来证明自己的论点，而对另一些事实视而不见。然而生活岂能用一个个体样本推断出整个群体的属性？

那么，我们该如何提防这些片面之词呢？答案就是我们要跳出系统，去看看有没有和这条理论相反的言论。

3.古怪的狱卒

古怪的狱卒是一个寓言故事。讲的是有一个狱卒会在每天夜里等到所有的囚犯都熟睡以后，挨个打开所有牢房的门，一开就是几小时。请问：这段时间里这些犯人是自由的吗？他们有逃跑的机会吗？我觉得答案是否定的。

一个真正的机会，要能让我们及时得到有关它的信息，留给我们足够的时间注意到它并能允许我们为此做些什么。

所以，我们不必为错过的机遇而捶胸顿足，因为并没有什么错过。原本你就没有掌握资源，也不具备判断趋势的能力，说明那个机会就不是属于你的。事实上，我们在任何时刻所做的决定，都是当时自己认为能做的最优选择。

4.一位生活在克利夫兰的兄长

假设医生把"我有一位兄长生活在克利夫兰"这样的信念植入一个人的大脑中（但事实上这个人并没有兄长），结果可能是此人在提及兄长的时候会出现一系列毫无逻辑的话。因为他根本不知道这位兄长的样貌，不知道任何与这位兄长相关的故事，他也不知道这位兄长跟自己有什么关系。

这就是说一个命题是不可能孤立地存在于我们的大脑中的，必须要有现实中的意义做依托。

就像我们平时读小说，小说都是取材于现实而又高于现实的。我们之所以读得津津有味，是因为我们总能在其中找到现实世界的影子。

当人们说谎的时候就要当心了，每次你说了一个谎，就得找到更多的谎来圆它，从而不得不继续说谎。但这些没有实际根据的话很容易被听出来。

5.归谬法

归谬法就是把一个推论中的命题或者假设拿过来，看看有没有前后矛盾。这些矛盾往往不是显而易见的，需要你进行一些推导。

最经典的一个归谬法思想实验就是伽利略的物体下落速度实验。他说，假如重的物体下落速度比轻的快，那么重的石头A的下落速度就大于轻的石头B，如果把B系在A上，一起下落的话，B就会拖慢A的速度。但是A加上B的重量又是大于A的，所以A加上B的下落速度大于A。于是就会得出A加上B的下落速度既大于A又小于A的结论。这里出现了一对矛盾，所以假设不成立。

归谬法也适用于其他情形。当我们看到一些文章，觉得这些文章有道理但又有些奇怪的地方的时候，就可以用这种方法来找到矛盾点。

6.花椰菜的诅咒

《直觉泵和其他思考工具》的作者丹尼尔·丹尼特特别讨厌吃花椰菜，所以他完全不理解为什么有人会喜欢吃这种菜。而且，即使是同一种食物，你在不同时间吃下那一刻的感觉也会不同。假如你刚吃完糖果再吃草莓，可能会觉得原本香甜的草莓变得有点酸。

于是，他给这种感觉起了个名字，叫作感受质。它有四个要素：

（1）不言而喻的。

（2）客观的。

（3）私人的。

（4）直接接受的。

具体来说就是：

（1）你得经历过才知道我是什么感受。一个一辈子没有见过大海的人，照片、电影、电视剧看得再多，也无法感受到那种波澜壮阔的震撼。

（2）感受是客观的。比如你特别讨厌虫子，看到虫子就会毛骨悚然，但这是你的主观倾向，不是虫子本身的问题，所以恐惧不能算虫子的感受质。

（3）感受只属于人自己。

（4）每一个人都觉得自己的感受质是最真切的。

但事实上，你会发现，没有一个概念、一个事物可以同时满足这四个特征。它们总会以各种各样的形式和别的事物关联在一起。如果你知道每个人的感受各不相同，又相互关联，就不会说出一些看似无心实则伤人的话。

我们每个人都戴着有色眼镜看世界，而每个人眼镜的颜色又各不相同。实际上，当我们评判他人的时候，是在用自己的经验、价值观去评判他人的人生。当我们懂得了"感受质"这个概念后，就要更加谨言慎行，多内省，避免对他人进行评判。

当困惑来敲门

很多人都会遇到困惑的问题，具体表现就是，我们一直觉得自己很忙碌，但是却不知道自己在忙什么，而且怀疑自己正在做的事情的意义。

如果你正面临困惑，别担心。这里就告诉你应该如何应对困惑。

从放下开始，接受另一种形态的人生

放下指的是让我们要放下"努力变得优秀"的信念。仔细想想，当你出现间歇性困惑的时候，是不是都在执着于自己应该努力变得更加优秀？

以前，我特别不能接受那种平淡生活的价值观，觉得人如果没有理想，那活着也没有意思。于是在潜意识里，我也会对有这种价值观的人产生偏见，从而进一步相信如果我不够努力，就会成为自己讨厌的那种人。

因为这种想法的存在，所以我不停地通过学习、忙碌来满足自己的期待，这样至少可以让自己看起来很努力。甚至有的时候，就连适当休息和娱乐都会让我充满负罪感。

直到有一次我在网上看到一个沉重的话题——"年轻人得癌症是种怎样的体验"。我一口气浏览了两三个小时，看到很多年龄和我相仿甚至年龄比我还小的人，因为命运的不公而遭受常人无法想象的痛苦，尽管如此，他们却依然在乐观地面对生活。这样的内容不仅让我痛哭流涕，也让我对于生命有了全新的思考。我在想，如果就连活着都是一件幸福的事情，那么还有什么身外事值得困扰呢？于是，我开始说服自己接受一个新的信念——做个健健康康的普通人就好。

我开始大方地承认自己很难早起，并不是在所有事情上都自律，有时也会拖延的事实。尤其是在做一件事情没有出色的结果之前，我也会大方地把自己的体验和经历分享给其他人。自从这样"放飞自我"之后，我感觉心里舒坦多了。我曾经总结过很多正确的方法论，但自己并不能百分之百做到，我也不觉得这是一件矛盾的事情。我们能够保持一些优秀的习惯就已经很不容易了，何必要让自己活得那么辛苦呢？

作为一个普通人，存在开心与难过、勤奋与懒惰都是正常的。不要过于执着将努力和未来捆绑在一起。你所需要做的就是活在当下。当你卸下要努力的包袱后，你就会发现做任何事情都会变得轻松无比。

目标不必定得太高，每完成一点都是惊喜

年初的时候，我给自己制定了年度目标。一定要完成的只有"开办写作训练营"和"完成书稿写作"两项确定性的任务。但是年中的时候，我发现自己不但顺利地完成了原本既定的任务，还完成了MBA申请，发展了自己的主营业务，以及坚持上瑜伽课。这听起来似乎很让人感到惊喜。

年初的时候给自己定的目标越远大，年底实现不了的概率就会越大。实现不了自己的目标，会让人有一种深刻的挫败感。等到来年想要弥补今年的缺憾时，便又给自己定下更多的目标，敦促自己更加努力，自然目标更不会完成，由此会让人陷入周而复始的恶性循环里。于是当我发现年度目标完全实现不了时，便采用休克疗法，干脆制定一些较小的目标，这样就可以超额完成任务了。

需要强调的是，关于目标的制定，我一般会选取风险性小、预期可以顺利完成的目标，比如自己有成功经验的。如果有新的情况变化，我也可以在原先计划的基础上再进行调整。

经常有人在规划生活的时候，把自己看得过于全能：一年要

做很多事情，包括升职加薪、考研、考证、考公、读书、发展兴趣爱好等。我觉得，这么多目标放在一年之内是很难完成的，不如把它们放在一个长时期的范围内。

还要允许自己在同一时间只做好一件事。有一段时间我在准备一个很重要的考试，在几个月的时间内，所有关于课程、推广、新项目的合作都被我推延了。因为我知道自己并不是全能的，这个考试的准备已经占据了我大部分的精力，几乎没有余力去做其他事情。如果我把所有事情都应承下来，每一件事都不会做好。我们只是普通人，能够在一段时间内专注做好一件事，就已经很了不起了。

当你觉得困惑的时候，"跳出来"看看

我们应该"跳出来"看看。跳出来包含两个层面：一个叫作从思想实验中跳出来，就是避免仅凭空想的内容去做决策；另一个就是从自己所处的环境中跳出来。跳出来是一种应对自己当下迷茫状态非常有效的解决方法。

我们在犹豫不决的时候，往往都喜欢做思想实验。比如在面对一些诸如工作选择、考研等问题的时候，我们就会针对每一个选项列出一堆能想到的优点和缺点，然后闷头苦思冥想，但结果往往会发现自己仍很难做出抉择。

其实这样做会面临一个很大的问题，就是当你没有实际去经历某件事情的时候，你在决策中评判的"好"或者"不好"，以及每一个影响因素的重要性，都是你凭空想象出来的。

　　比如当自己的公司面临发展的问题时，我对于公司刚起步一年就陷入瓶颈期不知如何是好，业务规模也不知道怎样去进一步拓展。于是两个跳出思想实验的办法摆在了我的面前：一个办法是可以选择重新回到学校里提升学历与见识，另一个办法是与其他正在创业的朋友们交流，交换经验，寻求解决问题的途径。这两个办法都可以让我的事业变得更好，要么从理论层面找到自己思维的局限性，要么通过信息交互发现自己的认知盲区。总而言之，这些办法总比我自己绞尽脑汁去想如何去解决问题要有效得多。

　　我们面对问题时要学会跳出去，不要作茧自缚。

向生命"臣服"

有一段时间，我为了一个问题——"人究竟是为什么而活着"而苦恼。我厌倦了不断地努力工作去赚钱，也不想仅仅是为了提升自己在技术层面的某项能力而去学习和实践各种方法论。我想知道，人的一生究竟哪些目标没有完成会留下遗憾。这些内在的困扰耗费了我太多的精力。我的朋友见到我如此苦恼，于是给我推荐了迈克·辛格所著的《臣服实验》这本书。这位朋友告诉我，作者已经完成的事情可能就是我想要做的事情。

很多商业精英都很关注自己的内在世界，比如《能断金刚》的作者麦克·罗奇格西和《臣服实验》的作者迈克·辛格。前者把《金刚经》的智慧运用在商业经营中，后者专注冥想，并且在自己的研究中觉醒。

冥想并不能直接给你带来物质上的富足，然而却能帮助你了解自然和人类经济社会的运行规律。你只要循着这个规律去经营自己的事业，就可能更容易获得商业上的成功。商业上的所有决策都是由人做出来的，更有智慧的头脑可以帮助人做出正确的决策，让人的事业走得更远。我认识很多在事业上顺风顺水的朋友，他们在精神领域都有着更加深刻的自我建树。

《臣服实验》不是一本讲方法论的书，它是一部个人经历的记录。作者是"我"又不是"我"，因为他是这一系列事件的亲历者，但又以旁观者的视角去审视这些事情。没有对错，没有理性评判，没有模型，只有对已经发生事件的描述和对自己感受的记录。

那么臣服实验究竟想说明什么呢？其实它就是让我们全身心地投入人生的轨迹中。简单来说，如果生命当中发生了一些事情，那么就把它们当作命运的引领者。而我们要做的事情就是顺其自然，不以个人的喜恶来干预事态的发展。这是我认为的接纳的最高境界——不但接纳一切已经发生的事情，也接纳任何即将发生的事情。

比如今天天气不好，如果你因为坏天气而感到厌烦，而想要抱怨，那说明是个人喜恶在左右你的想法，说明你拒绝接纳已经发生的事情。比如朋友邀请你去聚餐，但是你因为个人性格不喜欢社交，讨厌与别人在一起，于是拒绝了朋友的邀请，那就是你在依照个人的喜恶做决定。

那么，什么才叫真正地向生命臣服呢？《臣服实验》的作者讲述了发生在自己人生中的几十件大事和小事来向读者说明什么是向生命臣服。比如早期的时候，学校给作者安排了一位博士生当他的学生。作者不喜欢与别人相处，只想要独自冥想，但是他坚持不以个人喜恶来做决策的原则，于是选择欣然接纳。后来，这位博士生与他结下了非常深厚的友谊，成了他一辈子的好朋友。

再比如作者曾经买下过一片森林里的空地。他在这片空地上建造了一座属于自己的小屋用以冥想。由于名气越来越大，他拥有了很多追随者。这些追随者也想要在他的空地上建造房子和他待在一起。尽管作者心里特别反感他人在自己的土地上大兴土木，但他还是张开怀抱表示欢迎，因为他不能被个人喜恶牵着鼻子走。于是靠着帮助别人在自己的土地上建房子，作者获得了一笔不菲的意外之财。

作者作为一个只拥有计算机入门水平的经济学者，迷上了编程，靠着自学和灵感完成了一种软件系统的编写工作。他想，既然都做到这种程度了，为什么不顺其自然继续下去呢？于是他扩大经营，招募了更多的同伴来完善自己的事业。

作者不是只有高光时刻，也曾落入过谷底。他曾经因为合作伙伴的欺骗而面临十几年的牢狱之灾。但是面对指控，作者表现得心平气和，他坚称自己没有做过任何坏事，并且积极地找律师应诉。面对严肃的传讯，他更是把这一紧张的场面看作一次社交活动。在长达几年的拉锯战之后，法院终于撤销了错误的裁决，还给作者自由之身。

作者在第一次冥想的时候感慨："我只想回到森林的空地上，其他什么都不想做。"这看起来有些颓废和感性，但是作者大胆地用自己的人生去做实验和证明这一观点，一坚持就是数十年。面对作者的经历，我只有赞叹和肃然起敬。

我们时常会觉得理性和意志才是更为重要的。过去的人生经历塑造了我们的思考和行为模式，我们会在做每一次微小的决策时，或用到理性的思考，或听从内心的喜恶决定去做或者不去做。有的时候，我们还会抱怨自己耗费了那么大的力气，然而现实却没有发生任何改变。我们之所以总是被一股强大的惯性拽回到原有的人生轨迹上，正是因为我们总是在用意志干预自己的人生。

我有一个朋友曾经跟我说过："我们应该用心，而不是用脑；用感受，而不是用理性思考。"我们的内心告诉我们该如何去做，不想做的就不做。我们应该忠于自己当下的感受，不去批判，不去理性决策，跟着内心走就行了。而《臣服实验》为我们提供了另一种顺从，即向生命臣服。如果说顺从内心是以"我"为导向，那么顺从生命则完全不因"我"的意志而动摇，接纳一切自然发生的事情。这种接纳不是躺在那里什么都不去做，而是既不主动去做，也不推辞去做。事情走到哪一步，我们参与到哪一步，不拒绝任何发生在自己身上的事情。

　　《臣服实验》给我提供了一个与之前接触的所有知识体系完全不同的视角来看待问题。我们讲到一个人事业成功，往往会更注重强调个人的努力，正是因为这个人的奋斗与众不同，他才做成了自己的事业。而现在观点不同了，之所以他会成功，是因为这一切本就会发生。这条路是注定要成功的，早晚有一个人要踏上它，既然生命决定让你来做，那你就接纳它，然后好好地去完成。

　　我对作者讲到的事件和思想可以共情，但还没有做到完完全全地理解和消化。我相信随着一步步成长，我早晚会明白它们。现在我们还年轻，试错与积累经验的机会还很多，多碰碰壁就能找到一条正确的路。在下一次遇到自己不想做的事情的时候，不要先下意识去拒绝，而是顺其自然，接纳生活带来的一切。

一直追寻的价值

有的人之所以不幸，是因为他们不相信自己会幸福，对价值产生了畸形的理解。我有一个朋友与我年龄相仿，学历高，工作好，生完孩子以后却对自己的生活很不满意，羡慕我可以创业，而她却身不由己，很多想去做的事情都还没去做。无论我怎样劝说，怎样引导她去想积极的一面，帮助她看见自己已经拥有以及可以争取的一切，她都始终在否定自己。无论我说什么，她都在传达着负面的态度。

我告诉我的朋友，要试着避免使用负面的描述。根据认知心理学的理论，一个人所表达的语言会强化大脑中关于事件的定义。比如说，你在工作中遇到了一个难题，客观事实是你现在无法处理这件事。如果你只是描述事实，告诉自己"我暂时不会做"或"我的能力暂时不能胜任这个工作"，它不会对你接下来解决这个问题产生负面影响。但如果你说的是"我好笨，这都不会"或"好难啊"，这种评判就会给自己留下一个负面的印象。

本来是你当前无法完成，但是得到自己错误的强化以后，你的大脑就会认为你在未来也不会完成。所以当你要表达自己的负面情绪时，可以先冷静一下，避免把它说出口。

我朋友就是一个很典型的例子。其实，我们在生活中遇到不顺心的事情，很容易下意识地推卸责任，要么归责于别人，要么归因于自己，总是在走极端。然而我们应该去想的是怎样改变现在糟糕的状况。

当一个人抱怨、散发负能量的时候，与他处在同一环境里的人会感知到他的负能量，也会被他带入负面情绪中。也就是说，这个坏心情的人影响了周围的环境，而环境又反过来作用在他身上。如此恶性循环下去，他的情绪会越来越负面，而环境也会越来越负面。在这个环境里所有人对自身价值的判断可能都会出现问题。

遇到这种情况，我们可能无法一下子逆转当前的境遇，但是可以通过自己的态度而影响当前的环境。不是说不允许大家有负面情绪，而是我们生活的主旋律应该是积极向上的，这样短时的低落不会影响到我们未来的生活。

这里有一个方法可以帮到大家，它叫作"假装做到"。这个方法可以让大家维系自己工作与生活的积极态度。具体来说，就是你想要成为一个什么样的人，就假装自己已经成了那样的人。这个时候我们就该思考，如果我已经是这样的人了，那么面对这件事情，我会怎么做？比如，你只是一名刚刚入行不久的销售新手，要去见客户，你不应该为自己的初出茅庐和能力不足而感到紧张，而应假装自己已经做到了销售经理这个岗位。你就要想，如果我是销售经理，我会用什么样的方式去跟对方谈判？面对挫折我又该如何处理？

如果你坚信自己已经做到了更高的位置，那么你就会有更强的动力去做这件事情。而且，你身上的积极态度会影响到整个环境，环境中的其他人如果感知到你的正能量，也会把它们再反馈给你。

所以我们要做出两点小小的改变：

（1）当你带有负面情绪的语言即将脱口而出时，请不要把它说出口，而是换成对客观事实的描述。

（2）用"假装做到"的方式来解决问题。

既然不要总是去否定自己，否定自己的价值，那么我们人生真正的价值又是什么呢？逢年过节，很多人会去寺庙祈福，第一个心愿往往都是"家人平安健康"，之后才是"事业顺利""发大财"之类的愿望。很少有人第一个心愿就瞄准物质追求，基本上都是把对亲人和自己身体健康的祝福放在第一位。

然而离开寺庙，我们所追求的却又是各种物质需求，健康被抛在了一边。我们用透支身体的方式去学习，去工作，去熬夜，去享乐，而曾经最重要的第一个心愿却变得不重要。

其实，健康才是我们人生最大的财富。我们应该时时刻刻把"平安健康"记在心里，每天这样去学习、工作、生活，让它成为我们生命的重心。当任何事情与健康发生冲突的时候，我们都应该在心里权衡一下。只有重视健康，我们的生活才不会被物质所左右，才会稳稳地向前进。

对于这一点，我深有体会。以前我一直是医院的常客，这不但影响了我的生活质量，也耽误了我的学习与工作。自从我把健康放在第一位，重视自己的健康后，我的身体变得灵活和敏感，就连大脑也不再像以前一样迟钝。体验过这种生活后，我真的再也无法接受自己过去的状态。

后来，健康一直在我的价值体系中处在雷打不动的第一位，它是我人生最重要的价值。我每天都会坚持锻炼至少一个小时，每一餐都会保证膳食平衡，而且拒绝熬夜，遇到万不得已的情况，我也会及时补救。无论什么时候，我们的人生价值不能丢，生活节奏不能乱。

其实，关注健康并不会占用我们多少时间和精力。并不是说专注在健康上，就没时间去学习和工作了。按照我的时间安排，每天耗费在健康养生上的时间也不会超过两个小时。注重人生的价值，只不过是让我们多花费一些小心思而已。

　　健康不只是身体上的，还有心理上的。所以，我们要多关注一下自己的感受。当做某件事情或者接触到某类人会让我产生不舒服感觉的时候，我就会暂停自己的脚步，无论这件事情在别人眼里有多么重要。这倒不是我吃不了苦，而是坚持做这样的事情会让我的心理体验很差。这种感觉会带来一种负能量。心理上的健康也很重要，所以我们一定要多注意自己的日常感受。

要怎样过好这一生

你是否有过这样的感受：以为完成了自己既定的目标就会幸福快乐，但结果却好像越努力就越感受不到快乐，不努力更是不快乐。

生命很可贵，但人生又很漫长。我们常常不知道做什么事情才是正确的。这里我来分享一下在我眼里什么才是生命中最重要的事情。

我对生命理解的变化

20岁之前，我一直坚信自己能够长寿，但20岁的一次"劫后余生"改变了我对人生的看法。以前我觉得，人生的意义就是一定要成为一个世俗意义上的成功人士，要优秀，要有钱，要被很多人羡慕，要样样都比别人强。但那次变故之后，我觉得只要活着就好，哪怕只是一个平庸的人。

我感慨自己还能拥有健康的身体和灵活的四肢，可以去任何我想要前往的地方。我感慨自己还能闻到鲜花的芳香和青草的清新味道，感受到食物融化的丰富层次感。我感慨自己还能感知到家人们、朋友们对我的爱。曾经的我筑起高高的壁垒，把自己围在里面，拒绝每一个想要接近我的人。如今，我感慨我还能坐上一整天来消磨时光，可以在天马行空的思想世界里幻想一切我想要的生活，构想着十年后、二十年后的日子，然后再回到现实中努力把这些幻想实现。

到28岁那年，我开始学习和练习两种很好用的工具——清理与冥想。其中有一种冥想叫作告别冥想。让我们闭上眼睛，深呼吸，幻想今天是生命中的最后一天，然后问自己两个问题："如果今天就是我生命中的最后一天，我打算怎样度过呢？在最后一天里，我做什么事情才不会感到后悔呢？"通过自问自答，我们会发现很多自以为放不下的东西，因为生命只剩下最后一天，便都可以放下了。

比如，你可能还在惦记和同事争论的一个方案，拼命地想要证明自己是对的，连梦里都在想如何说服对方。但如果今天就是生命中的最后一天，你会突然觉得，能够见到对方，跟他打声招呼，还能够和他一起为这个世界创造价值，就已经非常值得珍惜了。你会放下指责对方的想法。

比如，你正在做一份非常不称心的工作，每天一想到要上班就浑身难受，但是为了生活你不得不继续在这个岗位上工作。如果今天就是你生命中的最后一天了，我想你大概不会再去上班了。那如果你的生命不止一天，如果还有明天，还有三个月，还有三年，还有半辈子呢？我相信你会重新规划一份能让自己全情投入的热爱的工作，或者想办法让自己改变对于这份工作的看法。

比如，你因为和伴侣发生了分歧，刚刚吵过一架。如果今天是你的最后一天，你还会费尽力气去争吵吗？比如，你因为孩子作业写得慢错误又多而刚刚责骂过他，如果今天是你生命中的最后一天，你还会因为相同的事情和孩子发火吗？还是说，你会珍惜与家人在一起的最后时光，和谐相处留下一些美好回忆呢？

如果今天是你生命中的最后一天，你会不会鼓起勇气去和那个暗恋已久的人表白？如果今天是你生命中的最后一天，你会不会去和那个一直让你抱有歉疚的人说一声"对不起"？如果今天是你生命中的最后一天，你会不会后悔早上出门之前对父亲说了难听的话？如果今天是你生命中的最后一天，你还会用这宝贵的最后一天去记恨那些伤害过你的人吗？

我一开始做告别冥想的时候，内心是非常抗拒的。我心想，自己现在活得好好的，而且这么年轻，为什么要想很久之后才会发生的事。但是见多了生命的逝去后，我开始接受了告别冥想。看到突如其来的意外，看到同龄人从患病确诊到离世不过几个月的时间，看到平日身体素质很好的年轻人猝死在工作岗位上，还有许许多多未完成的心愿，我突然意识到，告别冥想也许能帮助我们更好地活在当下。

如果你把每天都当作生命的最后一天来过，那么无论什么时候离开，你都不会觉得有遗憾。你会调整许多人生决定。你不会再在无意义的工作上耗费时间，而是会去寻找自己真正热爱的事业。你不会再忙于赚钱而疏远家人。因为你知道，也许从某一刻开始，你就再也见不到他们了。你会珍惜现在能够陪伴彼此的每一天。你不会再以事业为借口，错过对孩子成长的陪伴。因为你知道，长大成人的道路并不可逆，错过了就是错过了。等孩子长大，等到你终于不再忙碌的那一天，他已经不再需要你的陪伴了。你也不会再把大量的时间耗费在电视剧、短视频和购物等消磨时光的事情上。

去做真正有意义的事情

《正念的奇迹》的作者一行禅师说过，奇迹就是在大地上行走。后来我在读《内在工程》的时候，看到作者萨古鲁也有一句类似的话："生命的意义在于生命本身。"

我们总是习惯于把自己的喜怒寄托于外在。如果我的男朋友爱我，我就感到快乐；如果他对我不好，我就感到不快乐。如果家里人说了顺从我的话，我就感到快乐；如果家里人说了难听的话，我就一点都不快乐。如果孩子听我的话，我就感到快乐；如果他一点都不乖巧，不听从我的安排，我就非常生气。

我们常常以为生命的意义在于追求金钱，追求别人的爱，让身边的人按照自己想要的方式来对待自己。但你很快就会发现，这些并不是生命的意义。

我有一位老师，曾经讲过一段让我印象非常深刻的话："一家公司从创立到上市需要准备十年，只有在成功上市之后才会开心。但就算真的成功上市了，也不会因为公司成功上市这件事而开心超过三天。可是过去准备的十年，都是在真实的痛苦中度过的。所以我们应该持有的心态是：成功了我开心，不成功我也开心；在路上我开心，到了终点我也开心。"

我自己就是一个例子。18岁的时候我梦想考上北大，这个梦想在28岁的时候终于实现了。但是我开心的时刻只停留在了查分、拿到录取通知书以及发朋友圈动态的那几个小时里，然后生活就又回到了原本的轨道。我的生活并不会因为努力十年的梦想终于实现而发生多大的改变，余生的烦恼也不会因为这一刻的快乐而消失，我还是我自己。

那么，什么才是生命中真正有意义的事情呢？正如我之前所说的，就是那些在你生命最后一天不留遗憾的事情。就拿事业来说，假如今天就是生命的最后一天，你热爱你为之努力的事业，那么你的过往已经留下了足够多的成果积淀，你不会因为这份工作而感到后悔。在生命的最后一天，你依然在工作岗位上奉献自己。你把自己的生命全情投入在热爱之中，即使你不在了，共同奋斗的人会为你继续完成未竟的事业。如果你还不知道在自己离开之后自己的团队会如何继续这份事业，那么你就要从现在开始有意识地做计划，寻找值得你信赖和可以托付的人。中国妇产科奠基人林巧稚先生在弥留之际依然惦记着自己的事业，突然喊道："快拿来！产钳，产钳……"护士拿来一个东西塞在她手里，几分钟后，她的脸上露出了平静安详的微笑。"又是一个胖娃娃，一晚上接生了三个，真好！"这便是她临终前的最后一句话，也是她生命的意义。

如果现有的一段关系让你觉得是在消耗生命，而不是获得滋养，那么，你是时候好好地跟这段关系说一声再见了。你应该去和那些真正能够帮助自己获得生命能量的人在一起。如何去判断这段关系是否在消耗你的生命呢？其实很简单，当你在这段关系中和另一个人相处的时候，感受一下自己的情绪是开心、喜乐更多一些，还是纠结、痛苦更多一些。你回忆一下这段关系中的片段，看看想到的是美好的经历，还是让你不舒服的经历。如果你不幸进入了一个负能量的环境，身边并没有真正有意义的关系，那么你应该好好去爱自己，用之后的每一天去爱自己。

告别冥想会帮助你认清生命的真相，让你仔细思考什么对自己来说才是最重要的事情。对于我们之中的大多数人来说，我们还是有非常多的机会可以去实现心愿的。我们的终极目标就是平静、喜乐、清醒地活着，幸福、自由自在地活着。我们要活明白，不要让自己陷入各种各样的琐事中。当你认真想清楚了自己生命的意义后，接下来的每一天你都会过得踏实和不留遗憾。

随顺生命之流，全然地活在当下

在《零极限》这本书中有一个说法，就是我们会依据两种方式做事情，要么是记忆，要么是灵感。记忆就是你过去看到的、听到的、经历过的对于类似事情的处理方法，决定了你会对眼前这件事做出什么样的反应。而灵感则是来自更高维度思想的指引。如果我们想要依据灵感做事，那就要让自己回归到"零"或者说是"空"的状态，这会让我们做事有无限的潜能。

我们关于过往偏差错乱的记忆，会影响自己在当下的行为。而当下的行为又会在未来造成一个结果。这些记忆包括潜意识地认为我们不配得到一切美好的事物，就像"这么好的东西，一定不会属于我""我学习又不好，肯定考不上""这家公司虽然我很想去，但是以我的能力公司可能不会要我""我长得不好看，我喜欢的男生不会喜欢我"等等。这些记忆也包括对金钱的厌恶与匮乏感的矛盾，就像"人有钱了就会变坏""金钱会带来不幸""我好穷啊，要是有钱就好了"等等。这些记忆更包括我们的不信任，就像"没有我的帮助孩子不能做好这件事""防人之心不可无，他会不会在欺骗我"等等。这些记忆还包括社会的、家庭的评价标准，告诉你什么才是成功，而不是告诉你要按照你想要的方式来过自己的人生。

当你不断地清理与删除这些过往的记忆，多和真正的自己在一起时，你会发现那些发自内心想要做的事情自然就浮现在眼前。这些想法并不是来自外在，不是来自追赶风口的盲从，不是来自别人的建议，而是自然而然产生出来的。这就是我们的灵感。

如果你觉得自己的生活不尽如人意，可能是因为你在潜意识中存储了很多不正确的模式。当你把这些模式逐渐改掉后，你的生活就会变得越来越好。你需要做的是先让自己慢下来，静下来，安定下来，让这些想法逐渐浮出水面。希望在接下来的人生里，每个人都可以达到"不强求，不执着，静待结果发生"的境界。

第二章

学习方法

一学就忘怎么办

　　我不算是擅长记忆的人，但只要我记住的东西，遗忘的可能性都比较低。就拿我参加注册电气工程师考试的经历为例，公共课和专业课考试用书加起来总共上千页，我并没有花费太多的精力在复习上，就通过了考试。这主要是因为很多大学时学习的专业课知识我都还记得。很多上学时曾经学习过的古诗文，到现在我依然能流利地背诵出来。

　　这并非是因为我天生记忆力好。我从小就不是那种聪明的小孩，特别是上了高中以后，对于知识的反馈速度更加堪忧。数学和物理老师讲课的时候，我几乎跟不上他们的节奏。幸好我笔速足够快，可以把他们写在黑板上的所有东西都抄写在笔记本上，下课后再慢慢消化。大学的时候更是如此，学习高等数学对我来说简直就是噩梦。

　　于是我只能一直慢慢追赶，花费比别人更多的时间来学习。好在天道酬勤，我在一系列的考试中取得了还算不错的成绩，并且时隔多年我依然能够准确地回忆起那些学过的知识。

记忆可以通过学习提高

高中的时候我们班有个同学，理科学得很好，就是记不住文言文。有一次老师让默写《陈情表》，默写不下来的同学抄写二十遍，结果他抄写了二十遍还是只记得前几个字。

跟他交流的时候我才发现，他在抄写的时候都是看到几个字然后抄写几个字。小学的时候我的妈妈就告诉过我，每次要将一句完整的话记忆下来，再进行抄写。如果看一遍记不住，那就在心里默默地重复读几遍，再进行记忆，直到自己不盯着那句话也能完整地写下来为止。这样的抄写才能算得上是有效的抄写。如果只是看到几个字就抄写几个字，哪怕抄写几十遍也不会对记忆有任何帮助。

后来遇到学业上的背诵和抄写，我基本都用这种方法。渐渐地，我对于记忆有了全新的认识，明白了记忆也是讲究方法和原理的。只有掌握好适合自己的记忆方法，才能够事半功倍。

记忆的基本原理

很多人都会遇到一个问题，学了很多知识却总是记不住。我来打个比方，假设在你面前有一个文件筐，里面堆放了很多小纸条，那么如何才能找到某张特定的纸条呢？这些纸条如此乱七八糟地堆在一起，想要找到其中特定的一张纸条无疑是很难的。但是，如果你把这些纸条按照顺序编号，然后按照从小到大的顺序整齐地放在盒子里，每十张用一个长尾夹夹好，想要找到其中某一张就容易多了。

记忆有三个阶段：一是编码，二是存储，三是检索。假设每张小纸条代表着一个知识点，编码就是你在小纸条上写的编号，并且按照从小到大的顺序排列的过程；存储就是把这些小纸条放在盒子里，进行归档；检索就是当你想要寻找某一张纸条的时候，就会按照之前排列的顺序把它挑选出来。

但是，人脑的生理结构决定了必然会出现遗忘的情况。即使你把知识点按一定顺序排列好了，如果不去定期回忆、复查，还是会很快忘记。在学会一个新知识点以后，你得多次重复地找回那些被忘掉的知识，它们才能长久地存在于记忆中。那么接下来要解决的问题就是，如何把这些知识点的小纸条进行编码呢？

如何记得又多又牢固

1.先理解，后记忆

一个没有被理解的知识点就像一张未被编码、随处乱扔的小纸条，死记硬背不但白费功夫，还容易遗忘，并且在回忆的时候还很容易出错——那么多没有编码的纸条，我们不知道从哪里找起。

就拿学习来说，如果你要记住的内容是一个全新的公式，你一定要动手推导一下它是怎么得来的；如果你要记住的内容是教科书上一个从来没见过的概念，你要看看它的定义，想一想它是基于什么理论被推导出来的，为了用它证明什么；如果你要记住的内容是一套体系，那就要明白这套体系运作的原理。当你真正理解了内容，才能继续深加工。经过这样一个理解的过程，未编码的小纸条就被添加上编号了。

2.建立与其他知识的联系

无论是学校的课程安排，还是我们在工作中接触全新领域的步骤，都是一个从入门到进阶的过程。知识的深度和广度是递增的。一开始学的内容就像挖地基一样，每一个知识点就像是砌墙的一块砖，通过混凝土牢固地结合在一起。如果你没有打好地基，或者只是把砖块堆砌在一起而缺少混凝土联结，那么房子随时都有坍塌的风险。所以我们要避免这种风险的存在。

就学习而言，文科类专业所需要记忆的内容与理工类专业不同。文科类要记忆的内容往往是有意群①的，无论是背知识还是课文都符合这种情况。如果我们把一大段话的中心意思提炼成几个关键词，你会发现它们之间是有一些逻辑关系的。所以你只要记住它们之间的联系就行了，当背到前句话的时候，自然会想起后一句话是什么。

对于理工科的内容来说，如果是专业基础课第一次接触的概念，请务必完全理解。在后面学到一个新的知识点时，你就去寻找这个学科以前学过的和它有关联的知识点。比如我大学时学的是电气专业，那么大一学的电路知识就是最基础的内容，后面学习的所有的专业课都是建立在这一基础上的。如果前面的基础知识没有充分地理解，那么后面的知识我只会一知半解。

同样，如果前面的课程打好基础，那么后面我在学习新概念的同时也会加强对旧概念的记忆，将要学习的新内容和以前记住的、熟悉的、有关联的内容联系在一起，层层递进，几个知识点牢牢地包裹在一起，就很难忘记它了。联系的内容越多，就越难遗忘。

3.定期重复

你有没有过这样的经历？考试前一天晚上通宵临时抱佛脚，

① 意群就是指句子中按意思和结构分出的各个成分，每一个成分即称为一个意群，同一个意群中词与词的关系紧密，不可随意拆分。

终于上了考场，你会感觉很多死记硬背的东西在脑子里飘浮着，但没有一个知识点是真正记住或者与其他知识点融会贯通的。你只能寄希望于老师的出题方式刚好迎合你的记忆方式。在分发考卷前老师需要做一些准备工作，你几乎可以感觉到知识从耳朵里快速流出。你在不停地默念最后记住的内容，企盼老师早点发卷子，不然就忘得越来越多。这是因为考前时间紧张，没有将知识点足够地重复记忆造成的遗忘。我们知道只有重复记忆才能拾回记忆中缺失的片段。

4. 回忆场景

除了相关联的知识点以外，学习时的环境对我们的记忆也有很重要的影响。

人有两套记忆系统，一个叫作外显记忆，还有一个叫作内隐记忆。外显记忆就是你背的知识内容本身；内隐记忆就是在你背的过程中，窗外树叶的沙沙声、黑板旁边嘀嘀嗒嗒的钟表声、教室里桌子的位置……这些环境内容也被"录制"进了大脑中，只是你可能没有意识到。这种感觉类似于你想找一个知识点，你不记得它的准确页码，可你记得那一页有一张插图，于是你就快速地翻书查找那张插图，找到插图自然也就找到对应的内容了。

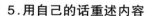

5.用自己的话重述内容

心理学上有个术语叫生成效应，就是相比于别人告诉你的内容，你更容易记住自己说过的话。

我们在一本书上看到一个新的概念的时候，往往都伴随着术语、各种晦涩难懂的字句。如果把它梳理成通俗易懂的话，对着一个没学过这个概念的朋友讲一遍，要是他能听懂，你也就算是记住了。

6.部分学习法

这个方法特别适用于背课文。我们把每三四句话分割成一个小的部分，学习第一部分直到掌握它，然后再学习第二部分，接着学习第三部分……背完整个段落以后，再从第一句重新背到最后一句。

这样的好处是能够获得更快的反馈，如果你一股脑地从文章的第一句背到最后一句，可能背完一遍你已经不记得第一句讲的是什么了。这种划分细小单元的办法就好像把十张小纸条用长尾夹夹起来一样，先找到它所在的那一沓，然后再具体到某一张，这样找起来就容易多了。

7.记忆宫殿

记忆宫殿其实就是把那些看似不相关的词创造性地编成故

事，而且这个故事一定是有场景的，和实际地理位置相对应。当人们记忆有情节的故事和地理方位时，总是比记忆枯燥的概念要简单、深刻。

这种方法在背英文单词时特别好用。如国际象棋"chess"这个单词，网上就有个编好的小情景剧："两条小蛇（指两个's'）在车上（'che'近似汉字'车'的发音）下象棋。"这样会马上记住这个单词，并且会记很久。

所以不论是背诵东西还是学习新内容，只要找到合适的方法，就能够更高效、更省力。

怎样学习更有效

"怎样学习更有效"是很多人遇到过的问题。在回答这个问题之前，先来说说什么是"无效学习"。大家应该都有过这样的经历：坐在课堂里听老师讲课，打起了十二分的精神，老师写在黑板上的每一个字都记了下来，结果一做习题还是什么都不会；复习的时候感觉什么都会，一考试却发现很多内容都想不起来；踏上新的工作岗位，领导安排的任务都按时完成了，过了好几个月还是一直在做相同的工作，感觉自己毫无长进；想学习某一种新技能，看了很多资料和知识但还是没有学会，所以只好放弃……

心理学界有两项与学习相关的重要研究成果：其中一项是学习方法在几乎所有领域都可以极大地影响学习效果；另外一项是学习过程可以直接与成绩相对应。也就是说，无论考试也好，学习新知识也好，只要学习的是以前不会的内容，你都在用同一种方法进行学习，而且你的学习方法决定了你的学习质量。

美国智库高级研究员乌尔里希·伯泽尔在著作《有效学习》

一书中提出了一个重要的观点：学习的根本目的是改变人对某一事实或观念的思维方式。举个例子，比如学习经济学知识是为了学会经济学家的思考方式。如果你没有学过经济学，可能对"经济"这个词还只停留在钱的概念上。但是如果学习了经济学，你就会懂得一些关于沉没成本、边际效应、资产负债之类的知识。

我们学习的一些基础知识对指导我们更好地生活非常重要。比如说，如果你没有学过物理，可能会认为重的物体下落的速度更快。再比如，哲学会教你辩证思考，博弈论能帮助你决策，数学会让你看清一切变化的底层规律，编程可以让你用更有效的方式改变生活……学习知识与技能就是为了能够看懂我们的自身经历，并解释我们所处的世界。

系统化学习方法有五个重要元素：价值感、目标、提升、实践、融合。接下来我就从这五个方面谈谈如何"有效学习"。

1.价值感

如果你本身不想学习一种技能，你是不太可能学会的。这并不难理解，在学生时代，我们总是对自己喜欢的课程或者自己喜欢的老师教授的课程学得更认真。而如果你本身不喜欢某一门课，或者压根就学了自己不喜欢的专业，想要取得好成绩是非常困难的。

我中学时学得最好的科目是语文，但是大学读了电气工程专业，于是在很长一段时间里对于这个专业提不起任何兴趣。后来我渐渐地把注意力放在了学习的过程而非专业本身上，开始享受从不懂到懂的过程，享受构建知识体系时的掌控感，享受解出难题时的彻悟，于是那些专业课也就不那么讨厌了。

我们必须要认识到自己学习的知识是有价值的，而且能够发现其中的意义。只有这样才容易学得好。如果你学习一门课程总是想着为了应付考试，那样会让你的学习之路痛苦而沉重。你可以先选择书中对你有实际意义并且能够引起你兴趣的内容来学，这样学起来会更轻松，而且学习过程也更加愉快。

2.目标

小阶段的学习目标可以是一天完成多少题目、正确率达到百分之几。长期来看，无论哪个专业都应该有同一个很重要的学习目标，那就是理解该专业的基本逻辑，并借此认识专业知识是如何按照基本逻辑联系在一起的。任何专业都有最基础的底层理论，它们就像是建造高楼大厦的地基，其他的知识如同交错的钢筋，环环相扣，构筑成整个学科体系。

3.提升

最有效的学习过程，是先学习未知领域对我们来说最简单的部分，然后循序渐进，一点点提高难度，即走出舒适区，远离恐慌区，留在学习区。

走过入门的阶段以后，你需要有针对性地打磨技能，这个过程需要运用刻意练习的原则，即持续关注重点难点。其中很重要的一个步骤叫作"监控"，就是观察自己学得怎么样。不要惧怕犯错误，当我们知道一道题做错时，大脑会提醒你这里很重要。我们应该记录下自己犯的错误，以防今后再错。

4.实践

心理学中有一个现象叫作生成效应，就是说自己加工、处理过的知识比别人直接告诉你的知识更容易被记住。这个现象很好地解释了为什么听老师讲例题的时候都会，但是当自己做的时候就不会了。你可以通过背诵、复述、不看答案独立完成一道题目等方法来实现自我测试。当别人给你演示过一种技能以后，要想真正学会它，一定要马上动手亲自实践一下。

5.融合

有效学习的本质是看到一个知识体系的内在联系。当你接触到一个新的概念时，大脑里会自动跳出两个问题：有没有哪些以前见过的知识可以解释这个概念呢？这个概念和其他领域、其他课题有什么联系呢？

学习的最高境界是知行合一，即在不断的实践与反思中，实现新知识、过往经验与其他知识的融合。波利亚系统化方法给出了融合知识的通用步骤。

第一步是理解阶段。这一阶段需要观察和发现问题的核心概念与性质。比如说，你拿到了一个需要完成的新课题，你会去搜索文献，去图书馆借阅各种相关的书籍。在大致了解以后，要清楚自己面对的未知问题是什么，而自己现在掌握了哪些数据和信息。

第二步是规划阶段。这一阶段用来规划解决问题的方法。之前我们已经对手里现有的资料有了大致的理解，这时候要去主动寻找已有的数据和未知问题之间的关联，参考前人的一些解决办法，试着设计出自己的解决方案，比如建模或者写出一个可执行的设计方案。

第三步是计划实施阶段，即执行上一步列出的方案。

第四步是回顾阶段。经过前一阶段的实施，列出的几个方案孰优孰劣已经一目了然。有了这一次的经验，下次处理类似问题的时候你就会对怎样设计、哪种方案可行性更高做到心中有数。

学会记笔记

记笔记，形式是次要的，内容是主要的，记住是重要的。

有的同学可能会觉得，记笔记就是老师讲什么，黑板上面有什么就抄下来。其实不是这样的，无论是哪一种记笔记方法，"抄写"这个步骤都只占很小的分量，记笔记归根到底还是要记住。哪怕你独创一种记笔记的方法，只要能记住，那也是好方法。

这里介绍两大类六小类的记笔记方法，包含适用于学生上课、听讲座时的记笔记方法，以及自学、阅读时的记笔记方法。

上课或者听讲座的记笔记方法

1.康奈尔笔记法

康奈尔笔记法最早是由康奈尔大学的沃尔特·鲍克博士发明的。康奈尔笔记法又叫"5R"笔记法，包括记录（Record）、简化（Reduce）、背诵（Recite）、思考（Reflect）、复习（Review）五个要素。

具体使用方法是把一个本子分成左、右、下三个区域。右边那一块区域设置得最大，作为"笔记栏"，是听课、听讲座的过程中使用的。这个区域用来记录老师上课强调的重点内容，并且这些内容越简洁越好，只记录一些自己能看懂的短句就可以，没必要把每一句话、每一个例子都详细地写下来。

当你上完一节课，或者听完一场讲座以后，把右边的笔记研究一下，提炼出关键词写在左边的"问题、线索栏"，把你认为可能出现的考点或者有什么需要深入思考的问题也写在左边栏里。

最后，你对这次的课程或者讲座进行一两句话的总结，写在最下面的"总结栏"。

这里讨论一下为什么康奈尔笔记法很有效。我们通过康奈尔笔记法的要素可以发现，它是符合大脑记忆规律的一种方法。

人的大脑记忆知识也好，记忆生活中的事情也好，都要经历两个过程：存储和提取。康奈尔笔记法能够将你的知识点整齐排

列。这个时候你再想找到某一个知识点就容易多了。

记录的过程是为了获取信息，不然老师讲得太快，一节课下来可能什么也记不住。简化的过程就像给这些知识点增加序列，方便下一次能迅速地找到。复习是为了减少遗忘，把那些遗漏的知识捡回来。背诵与思考分别对应着存储与提取，你思考得越多，印象就越深刻。

其实每一块内容写在哪个区域并不重要。重要的是记笔记过程中要动脑筋而不是只是记录。记笔记就是思考总结的过程。

2. 在书上空白处记笔记

中学的时候学习文言文，还有上大学以后某些需要画很多图的专业课，我都会用自己的方法来记笔记，比较省时间。

可以使用一些特殊的符号来进行标注，再把注释写在纸张周围离该知识点最近的空白处。比如说，通假字可以用倒三角框起来，定语后置可以把整句话用波浪线画下来，状语后置可以用双下划线等，再把批注写在段落右边的空白处。除此之外，标记还有方框、正三角、菱形等符号，选一种你自己能看懂的符号就可以。遇到某些文言文中出现频率很高、意思固定的词，可以统一用圆圈圈起来，段落右边再写上解释。如果记在笔记本上的话，需要把内容重新描述一遍，这样就很浪费时间。在旁边简简单单写个批注，看起来一目了然。这时候不管有些人常用的方格笔记法还是康奈尔笔记法，都不如直接写在书上简洁方便。

读书时的记笔记方法

1.标记笔记法

要想真正使书中的内容成为自己知识体系的一部分，只是用眼睛看是远远不够的。在阅读的过程中，要善于使用各种标记、符号，还要学会做笔记。在《如何阅读一本书》中，作者提供了七种在书上做标记的方法：画底线，在画底线处再加画一道线，在空白处做星号或其他符号，在空白处编号，在空白处记下其他页码，将关键字或者句子圈出来，在书页的空白处做笔记。此外，书中还提供了三种做笔记的方法：结构笔记、概念笔记及辩证笔记。

结构笔记是最常用的做笔记的方法，就是按照书的架构记录笔记，有三个要点：

（1）这是一本什么样的书？

（2）整本书谈的是什么？

（3）作者借着怎样的整体架构来发展他的观点或陈述他对主题的理解？

围绕这三个要点做笔记，可以帮助我们更好地理解书中的内容。

2.思维导图法

对于逻辑性、结构性很强的书，最适合用思维导图法了。

总览全书或文章，记下目录、主要的标题、结果、结论、小结、主要的示意图或者其他一些映入眼帘的重要内容。在这个过程中，你要为全书或文章建立起思维导图里的中央图、主要分支或者基本分类的概念。

下一阶段，你要看一看有没有材料还未包括在概览中，特别是每段、每节和每章的开头和结尾，因为这些地方往往集中了最为重要的信息，然后把它们加入思维导图中去。

接下来是内查。这个阶段你可以解决大部分学习难题，但仍会跳过一些主要的问题区域。对全书或文章的其他部分熟悉以后，你就会发现已经很容易理解各段落的意思，并能快速地完成思维导图了。

最后是复习阶段，你可以回到一些早先跳过去的、比较困难的部分，回头看看全书或文章，以便回答剩下的问题，或者填完没有填的空。这时你可以完成思维导图的笔记了。

3.摘抄法

摘抄法适合于在慢速阅读时摘录书中的一些语句。除非是时间紧迫，需要快速掌握一个知识点，我才会选择快速阅读，否则，一般情况下，我都会一字不差地慢速看完一本书。尤其是文学类和科技类作品，作者有一些很微妙的表达方式，只有逐字阅读才能体会到其中的精彩之处。如果是走马观花地读，只能大概明白"这本书讲了什么"，却会错过许多曼妙的句子。

有的同学可能会觉得逐字阅读是一件很没有效率的事情。我们一开始的时候阅读速度会很慢，但是阅读熟练了，阅读速度也会提升。大家不要总觉得自己没有时间读书。就算不做读书笔记，每天抽出一小时读一读书，每个月也至少能读五本书。

4.便签法

便签法是赵周老师在《这样读书就够了》一书中提供的一种方法，适合所有致用类书籍。致用类书籍就是能解决自身问题的书籍。其中，便签法是用三种不同颜色的便签来记录不同的笔记内容：

（1）用自己的语言重述知识。

（2）回想自己的相关经历。

（3）思考以后我怎么应用知识。

在第一步重述信息时，很多人会受到旧知识的困扰，或者干脆直接摘抄原文中的内容。然而就算你把书里的内容背下来了，它也不是你自己掌握的知识。重述的意义在于理解，如果不能充分理解文中的内容，是很难用自己的话表达的。为了达到内化与应用的目的，可以在具体操作时将原文知识进行总结或提炼出明确具体的操作方法以及步骤。

在第二步回想经历时，切忌泛泛而谈。没有具体时间、具体事件的内容都是泛泛而谈。我们需要记录的是自己对于这个经历的认知。为了让这个步骤的执行性更强，可以参考这些要素：记录的事件必须是亲身经历，亲眼所见，亲耳所闻的；叙事要体现起因、经过、结果；书中的要素要与经历有明确的对应。通过第一步的铺垫，我们经由新的知识点刺激，可以更好地理解、反思自己的经历，从而把自己的知识和经验结合起来，以获得个人成长。

当你要规划时，先问问自己："这件事对我来说有多重要？"如果在书中很重要，但是对你来说不重要，不妨到此为止，去关注其他的事物吧。当你真的决定要把书中的知识应用在实际当中时，先定下自己的目标。规划行动必须是自己可以实现的行动，而不是对书中内容的模仿，哪怕原书的建议给得非常具体，也不能算成自己的知识。

分享一种系统性的学习方法

如今是信息爆炸的时代，有关学习方法的资料多到眼花缭乱。很多方法看起来很有用，但实际却发挥不出作用。在很多情况下，你了解了很多方法，却不知道运用这些方法的前提，最终也是没有办法取得理想效果的。

这里我将从三部分入手，分享一些相对科学的学习建议：第一部分先介绍学习的系统模型，第二部分介绍学习前的准备工作，第三部分是一些具体可行的学习方法。

第一部分是从系统思维来看学习过程。系统思维就是认为事物之间都是有关联的，会相互影响、相互作用。学习是我们日常生活的一部分，会受情绪、身体健康、精神状态等很多因素的影响。我们首先要把自己调整到一个适合学习的状态，学习方法才能起作用。

第二部分是学习的准备阶段。如果你刚刚和别人大吵一架，我相信你很难平复心情专心学习。如果你没有办法静下心来，一坐在书桌前就会情不自禁地受到外界影响，再好的学习方法也不管用。所以，在开始学习之前我们要做两件事：先解决情绪的问题，再快速进入专注的状态。

第三部分是学习过程。这一部分围绕学习的五个环节——预习、听课、记笔记、自习和回想展开。比如，预习可以不求甚解，只要知道自己哪里不懂就行了。上课听讲的时候要留心预习时不会的内容。记笔记不是机械地抄写，而是要先辨别哪些内容比较重要。自习是学习过程中最重要的一个环节，有六种方法可以帮你加深记忆。回想贯穿学习的全部过程，回想能够帮助我们记得更牢固、更久远。

下面我来具体地讲解关于学习的这三个部分。

方法比努力更重要——从系统思维看学习过程

很多人认真听讲而且做了笔记，考试成绩却不理想；很多人刷了不少卷子，考试分数还是原地踏步；很多人考前复习的时候感觉什么都会，一上考场却频频出错；很多人一直很努力，每天晚睡早起都在学习，成绩还是不理想。

对于这些困扰，你先别急着给自己下论断。智商的差异的确存在，但是没我们想象的那么夸张。天赋异禀者毕竟是少数，多数人都是靠努力取得优秀成绩的。不过这里的努力并不是说晚睡早起刷卷子，更重要的是学习策略。

如果用公式来表达学习效果的话，可以写成：学习效果＝学习效率×学习时间。这是个很好理解的公式。好的策略可以帮助你少做甚至不做无用功：你背诵的每一分钟都有单词印在脑海里，解答每一道题时都能掌握相关的知识点。和他人学习花费同等的时间，你能学得更好。

学习系统属于增长极限模型：你努力学习，一开始成绩是有所提高的，但是很快就会陷入瓶颈期。这时，即便你投入了更多的时间与精力，结果依然会收效甚微，成绩甚至开始下降。

增长极限模型的杠杆作用点在负反馈的环节上。要想改变现状，就必须识别并改变负反馈限制因素的影响。比如说，重复的题目会让你感到心烦；熬夜会睡眠不足，从而导致记忆力衰退、内分泌失调；因为成绩没有提高，你会很挫败，对自己没信心……

用系统思维来学习，你就不会沉溺于埋头苦干，而是会同时关注提高成绩的其他方面——你需要更充足的睡眠，并且通过针对重点难点的刻意练习来获得提升。

学习的准备阶段

在一切困扰学习的问题之中，你要先解决情绪的问题。如果你在生气的状态下去学习，那样根本记不住多少内容，做题的出错率也会变高。

这里建议大家尝试理性情绪行为疗法[①]中的"ABCDE法"，非常简单而且有效。这种方法能帮助我们在遇到负面情绪的时候不被情绪影响，慢慢地把自己修炼成为一个理性的、心态平和的人，时常保持愉悦放松的心情。

在开始学习之前，我们还需要把桌面收拾整洁，在桌子上只留下你需要看的书，把与学习无关的东西统统拿走。

我通常会找到一个舒服的姿势坐在书桌前，活动一下肩膀和脖子，放松身体。同时，我也会缓慢地用鼻腔吸气，让空气在胸腔里停留一段时间，再缓慢地经由口中吐出。这样重复好几次，在心中细数呼吸的次数，不去想别的事情。如果环境比较嘈杂，可以买一对柔软的耳塞，或者用入耳式耳机来隔绝噪声。

学习过程

对于学习的五个环节——预习、听课、记笔记、自习和回

[①] 理性情绪行为疗法指通过认知技术、情绪技术和行为技术使当事人的不合理信念得到改变，从而消除其情绪和行为问题，使其最终无条件接纳自己。

想，我将会分别讲解，说说它们在掌握知识的过程中起到了什么样的作用，应该怎样操作效果最好。

1.预习

我们首先要搞清楚为什么预习。很多同学不喜欢预习，觉得是在浪费时间。要想在没有老师讲解的情况下理解一个知识点实在太费劲了。

但请注意，这里说的预习并不是自学，不需要你完全懂得那些知识。预习的目的在于提前了解重点。预习也并不需要花很多时间，大概一个科目分配10分钟就足够了，有一些自己擅长的科目甚至不需要预习。我一般会在当天写完所有作业以后用半小时完成第二天所有科目的预习工作，实在来不及的话就在上课前的课间看一眼。当我们遇到难以理解的段落时，眼睛会不由自主地慢下来，提醒你这里要多留心。当确定自己不懂的地方后，上课讲到这个知识点时我会更认真听。这样预习的目的就达到了。

2.上课听讲

一节课的时间通常有45分钟，要想在这么长的时间里保持高度专注是非常困难的，难免会走神。这时候前一天的预习成果就会派上用场了。老师会花很长时间去讲你已经知道的内容——这些内容是不需要你仔细听的。但是，当老师讲到你预习时不懂的知识时，就要迅速收回思绪认真听讲。

这样，一节课大概只需要10~15分钟的专注，就能掌握大部分重点内容。这些重点内容就是你预习的时候不懂的内容。在这个时间长度里保持专注，对于大多数同学来说还是很容易实现的。

3.记笔记

很多人会认真记笔记，但是感觉一堂课下来什么也没学到，学习成绩也不理想。

我前面说过，当我们学习的时候，大脑会交替经历两个过程——储存和提取。你背一篇古诗文的时候需要读好几遍，通过反复阅读把内容印在大脑里的过程就是储存，合上书到复诵出来的过程就是提取。

如果你记笔记的时候大脑空空，只是机械性地把老师PPT上的内容抄在笔记本上，那么这种记笔记的方式是无意义的，无论存有多少笔记内容，成绩都很难提高。但是，如果你听到一个知识点不是马上抄在纸上，而是先理解这个知识点，搞清楚其中的重点是什么，再记下这些重点，那么，在书写的过程中你已经把这些知识印在脑海里了。

而且以我的经验来讲，我发现其实A4纸比笔记本更好用，可以直接把公式的推导过程、老师课堂上延伸讲解的案例写在纸上，然后夹在书里。

4.自习

考试的时候，我们可能会在卷面上见到一道似曾相识的题，但是怎么也想不起来该怎么做了。这时候，为了回忆起它的解答过程，你会首先回忆起上一次接触这道题时的环境。随着回忆越来越真实，那些答案的影像在脑海中会越来越清晰，这时候要做的就是赶紧拿起笔把解答过程写在试卷上。

然而，这种记忆过于依赖环境因素。

为了巩固知识，我们要做的是，换一个完全不同的空间和时间段来记忆。比如拿上你的书到外面去，到咖啡店去，到图书馆去。以前你习惯早上学英语，那现在就在早上学数学，把英语换到下午、傍晚时段去学习。学习时的环境越是复杂多变，学到的内容就记得越清晰、长久，所依赖的环境因素对记忆的限制也就会越少。

另外，自习的时候也需要打散你的学习时间，把一长段时间分成好几段，这样会大幅提高学习效率。比如说，你打算用两小时来学英语，与你一口气连学两小时相比，今天学一小时、明天再学一小时的方式能记得更多、更牢固。经过一段时间之后，你会忘掉一些知识。时间跨度越大，你忘记的内容越多。同时，你也会发现自己的弱项在哪里，从而花更多的时间来巩固。同样地，刚刚学过一个概念，你没必要立即复习，因为这样做几乎是没什么效果的。如果一小时甚至一天之后才复习，这时候才是有用的。把一大段时间分成好几段来学，你会把已经学过的东西从记忆里提取出来，重新存储一次，从而进一步加深你的记忆。

但是这个间隔是有阈值的，如果间隔太久的话你可能就真的想不起来了。这里给出一张心理学实验得到的表格。"学习间隔"指的是从你"第一次学到这个知识"到"第一次复习"之间的时间跨度，在这个期限内复习才能确保考试的时候记忆清晰。

待考时间	学习间隔
1个星期	1~2天
1个月	1个星期
3个月	2个星期
6个月	3个星期
1年	1个月

大家都经历过考前临时抱佛脚吧。看上一天一夜的书，然后去考试，很快这部分记忆就被剔除了。这种方法对付一场考试固然有用，但是对之后的学习很不利。随着学习深入，很多专业课都是建立在前面的课程基础上的，所以学习不要偷懒。

只有经历过遗忘再记忆的过程才能记得更深刻。我们的记忆就像肌肉增长一样，先损耗一些，才能变得更强壮。

有些人明明已经认真复习了，可还是考不好，试卷上的题目看着都眼熟，但是一提笔就不会做了。其实，这是一种典型的能力错觉——熟练度错觉。学习的时候你一眼就能看明白的内容会让你误以为自己已经掌握了，然而事实却并非如此。

熟练度错觉会在潜意识里自动形成，因此你要小心这些强化熟练度错觉的学习方法：用荧光笔画线、再抄一遍笔记、再看一遍老师说的重点、刚刚看完一遍就立即复习。

这些大多都是被动的、不经过脑子的学习方法，几乎不会提升学习效果。相反，你需要让脑筋动起来，要用心想一想重点是什么然后记下来，而不是盲目抄写。当你感觉自己学得差不多的时候暂时放下，然后用心去回想刚刚学过的内容，如果此时还能够脱口而出，那下次大概率还能记起来。

我们每次记忆都需要考试来巩固。这里的考试其实是一个广义的概念，就是把已经记住的内容再表达出来。合上书背诵、不看答案完整地进行一次演算，这些都属于不同形式的考试。

如果能在学习之前来一次预考就更好了。这个时候因为你还没有真正学过这些内容，只能靠猜测完成，大脑运作起来会格外费劲。也正因如此，熟练度错觉会被消除。如果一上来就学习，你只看到了正确答案，自然不会受到那些干扰项的困扰，但是等到真正考试的时候，干扰项就会让你出现错误。

预考能让我们看到接下来要学的内容，会给我们一个机会去思考接下来该怎么学，相当于提前获得了重点。这样当你学到重要内容的时候，就会格外留心。

这里给大家推荐一种非常适合自测的方法——费曼技巧。网上对费曼技巧有很多复杂的解释，这里我只用一句简单的话概括，就是把你学到的内容讲给别人听。你可以讲给你的爸爸妈妈、讲给你的室友听，把所有理解的内容都讲出来。通过这个过程，你的知识脉络会越来越清晰。教科书上大段的术语很难记忆，费曼技巧会帮助你用自己的话记忆下来。

大家学习的时候一定有过这样的经历：一道题在章节课后习题出现的时候，你是会做的，但放在考试试卷里，你就不会做了。你明明是会那个知识点的，但是怎么都想不起来该用哪种办法解决。

每次专注于一个技巧的练习，比如解微分方程、练习某一个调号的音阶等，会让你感到实实在在的提高。但是如果把时间线拉长来看，这些专一练习却限制了你在每一个技巧上的进步速度。而交替学习则能深化你对每一门学科的掌握程度。

我们前面讲到的换环境、打散学习时间都属于交替学习的方法。你还可以在学习的间隔穿插一些其他事情：比如说，学45分钟的数学，然后站起来接杯水、吃点水果，休息15分钟，接下来学习英语而不是继续学数学。

交替学习会损失一些学习的专注度，也会导致我们学过之后忘掉一些内容，但是，只有忘记才能更好地记住。交替学习就是让自己直面这些困难——如果换个环境就记不住了，那就多换几个场所，直到记忆不再依赖环境为止；如果换个时间就记不住了，那就多换几个时间，直到记忆不再依赖固定时间段为止。

你在设计交替学习方案的时候，记得一定要把新的科目和以前学过但是尚未复习的内容混合在一起学习。同时，你还要记得把不同题型掺杂在一起。这样当你真正面对考试的时候，才能做到游刃有余。

很多人做了很多题，成绩还在原地踏步。原因可能是你没有找到正确的练习方法。说白了就是你的时间都花在了做无用功上。题海战术最大的问题在于你会用很多时间来做已经会做的题目，而对于没有充分掌握的重点难点知识却练习不足。

为了解决这些问题，我们需要多花时间在薄弱环节，持续关注重点难点。具体方法如下：

（1）全程在纸上解决一个重点难点题目。在彻底得到答案之前，千万不能看答案，不能跳过任何步骤，确保每个步骤都有理有据。

（2）重做一次。要格外注意关键步骤。

（3）休息一下。给大脑留出足够的时间，让它去消化这个问题。

（4）睡前重温。在睡觉前，把这个问题再过一遍。

（5）再做一次。第二天尽快把这道题再做一遍。这时候你会发现，自己能更迅速地解题了。而且你对这道题还会有更深层次的理解。要多关注问题中最困扰你的那个部分。

（6）给自己寻找新题。再挑一道重点难点题目，用做第一道题的相同方法来接着做题，重复以上1~5步。

（7）主动复习。

除了练习，睡眠对学习也有重要影响。人的睡眠包括几个不同的阶段，每一阶段都会以不同的方式筛选并巩固存入脑中的信息。比如说，研究表明，深度睡眠期（主要集中在前半夜）对巩固数据信息类的记忆非常重要，包括名称、日期、公式、概念等。

如果你要迎接一项需要记忆的考试，比如文科考试，那么备考前夜你最好能按照日常作息时间上床休息，以充分保证前半夜的深度睡眠，然后早上起来再快速浏览一遍备考资料。如果你要应付的是考验你针对不同模式及规律判断能力的考试，比如数学、理综等，早上最好能睡个懒觉。如果困得睁不开眼了，你就不要再强撑着学习了，早点上床休息吧。

5.回想

其实严格地来说，回想并不能作为一个单独的环节，它几乎贯穿了整个学习过程。但是它实在太重要了，所以我在这里把它单独拿出来说明一下。通过回想加深记忆的地方有：

（1）听课时：回想预习的时候哪些环节困住了自己，老师讲到这部分知识时要多加留意。

（2）记笔记时：大脑中复述老师刚刚讲过的话，从中挑出重点写在笔记本上。

（3）自习时：如果你想背一个知识点，花30％的时间来读，剩下70％的时间来回想刚刚读过的内容。

（4）入睡前：快速回想白天学过的知识。

（5）考试时：考试本身就是一种回想。

回想就是从大脑中提取知识的过程，可以让记忆更长久、更牢固。当你发现有个知识回想不起来的时候，就说明你该去复习了。

最后我总结一下。学习是我们日常生活的一部分，会受情绪、身体健康、精神状态等很多因素的影响。所以不要只顾着埋头学习熬夜刷题，心情和睡眠也很重要。开始学习之前要先解决情绪的问题，并且快速进入专注的状态。预习的时候不必太纠结，知道哪里不懂，上课的时候注意听就好。上课听讲要重点关注预习时不会的内容。用哪种方法记笔记不重要，重要的是先理解每句话，然后记录下其中的重点。

学习的环境越是复杂多变，学到的内容就越能记得清晰、长久。打散你的学习时间，不要一次学习太久。学完以后记得及时复习。学习过程中可以把几个科目穿插进行。先考试后学习能让你学得更好。把你学到的内容讲述给身边的人听，可以加深自己的理解。把新的科目跟以前学过、练过但是已经有一段时间没复习过的内容混合在一起练习，把不同题型掺杂在一起练习，学习效果会更好。题海战术会让你把时间浪费在已经熟练掌握的知识上，应该多花时间在自己的薄弱环节上，持续关注重点难点。学习过程中，30%的时间用来写和读，70%的时间用来回想。最后记住，好好睡觉才能记得更牢固。

考试之前的准备

我们总是会面临各种各样的考试，这里我分享一下自己在毕业后准备在职考试的一些经验。

格式化大脑，重装考试系统

格式化大脑，并切换成考试模式。这是考试前最重要的一件事，特别是对于边工作边应对考试的人来说非常有用。

以我自己来说，备考过程主要有两个方面的困难。其一是由于工作性质无法完全脱身工作，我自己的时间被切割得非常碎片化，甚至就在练习真题的时候也无法找到一个完整的答卷时间。没有连续的时间做题，所以我只能主动计时，保证几个时间片段加起来和考试要求的时间一样。

其二是我在日常工作中的思考方式对于考试来讲都是"错误"的，特别是考试中写作的部分。日常的写作方式与考试时的写作方式完全不一样。日常写作的目的以传播效果为核心，文章可读性、情绪价值传递等都是首要考虑的因素。而应试作文则需要在特定的框架下按照特定的写作方式来完成。我们在考试中写作最重要的目的是接近得分点，不需要太多的主观思维发散，也不需要深度挖掘。对于阅读理解来讲，我平时喜欢用自己的思维来理解各类文章，就很容易对作者的想法产生过度理解。这就是日常与考试思维方式的矛盾之处。

在考试前，我几乎把一半的复习时间都用在与自己日常的思维方式做斗争上，把它扭转成考试思维。当两种不同的思考方式切换时，大脑会变得非常混乱。我们都知道，在自动化思维下做出的反应是最快的，一旦考试思维成为自动化思维，解题的速率和正确率都会有极大的提升。

那怎么样才能够做到心无旁骛，将自己调整成适合考试的状态呢？考前我们首先要做的是清空大脑，暂时清除掉那些会对考试造成干扰的事情，也就是无关紧要的事情在考前都不要去做了。然后，我们再给大脑重装一个考试系统，即把思维调整成适合考试答题的模式。在练习时，如果出现与考试试卷答案解题思路不一样的情况，千万不能固执己见，要使用考试试卷答案采用的思维方式。

分配更多的时间给"性价比"高的科目

我们的复习时间要多分配给"性价比"高的科目。这里面的性价比指的是复习的分数回报率，也就是说，投入相同的时间，哪个科目分数提升快就重点复习哪一科，不要在自己不擅长的科目上浪费时间。

就拿我来说，由于我思维方式的原因，写作分数总是忽高忽低。对于我来说它就属于"性价比"相对较高的科目。于是，在复习的时候我会多花一些时间来研究应试写作这个部分的具体"套路"，找出导致分数低的原因，有针对性地进行纠正。总而言之，就是多花时间在"性价比"高的科目上。

以真题为主，以错题为辅

一般市面上都会有铺天盖地的模拟题摆在我们面前。很多模拟题的命题人由于自身水平有限，或者对真题了解不够，往往会把一些冷门的考点放在题目中。如果我们把这些内容当成复习重点，实际上就偏离了考试真正想要考查的内容。所以在考试前复习的时候，我们要多做真题。

在做题的时候，我发现自己总在同样的几个考点上犯错误。这说明我对于这些知识的掌握还不够牢固。经过归类以后，我就能把自己不擅长的题和知识点总结出来。之后，只要有针对性地去解决自己的薄弱点就行了，没必要一直做已经掌握了的知识题。

放平心态，最坏的结果也没什么

我曾经历过考研失败的挫折。也正因为这个挫折，我意外获得了一些其他的机遇，而且对自己现在的生活很满意。我并非认为考研无用或者读书无用，只是想用自己的亲身经历向大家说明，我们在心态上一定要放松，相信一切结果都是最好的安排。

尽量不留遗憾，但你不要相信一次考试就能左右你今后的命运。努力或者上进是一个长期持续的过程，某个时间节点的成果固然重要，但是也没有重要到可以决定命运的程度。也许现还有遗憾，但来日方长，总有一天遗憾会得到弥补。

第三章

成长抉择

三分钟就能学会的成长工具

学习成长有三种途径：第一种是读书；第二种是拜师当徒弟；第三种是吸取自身的经验教训。我们常说"吃一堑长一智"，讲的是一个人在经历过一件事情后，会把之前的经历总结成经验，当下一次遇到类似的事情时就知道如何正确地处理了。但是除了"吃一堑长一智"，还有很多人身上都会发生被同一块石头绊倒四五次的事情。有时候尽管我们已经很小心了，但还是会犯下相同的错误。

其实，一个人的经验并非是与生俱来的，而是经历了从"发生一件事"到"形成一个经验"的过程。而这个过程包含了四个阶段：

（1）经历一件事。

（2）对这件事进行观察和反思。

（3）对结果进行分析。

（4）找出可以指导未来行动的方法。

反思会逼迫人去找到现象背后的原因，并且制订出修正后的行动计划。如果行动计划是切实可行的，自然就不会再出现被同一块石头绊倒的情况了。接下来我要给大家介绍一个帮助成长的工具，叫作反思日记。

反思日记，顾名思义就是把自己反思的过程记录下来。在这个过程中，你会对问题进行重新定向，找到真正的原因。

举个例子，比如你和男朋友吵架了。对于吵架的原因，你的第一反应可能是"他不爱我了"，但深层次的原因其实是毕业后两个人处在不同的城市，生活环境、周围的人际关系和以前都大不相同，导致两个人的共同语言越来越少。

如果你只看到表面的原因，问题很难得到真正的解决。这里我为大家提供一种找到深层次原因的办法。

我们遇到一件事，先要判断它是第一次出现，还是已经出现过好几次了。如果是第一次出现，那就把所有你能想到的原因写下来。这些原因其实都是你的猜测，至于有没有根据，我们还需要进一步验证。如果这件事是你和别人共同经历的，那你可以把自己的猜测告诉他们，看看他们是否认同，让他们帮助你从你的各种猜测中找到真正的原因。如果事情已经出现了多次，那它有可能是因为你的模式出错了。你就要去寻找有关系统、身份、信念与价值观的深层次问题，而非仅仅停留在事件本身。

完整的反思流程有如下五个步骤：

（1）思索这个问题是如何出现的。

（2）寻找可能出现的原因，并梳理清楚这些原因哪些是可以证实的，哪些是毫无根据的，然后我们把可能的原因讲给自己周围的人听，看一看自己找到的那些原因是否能得到认同。

（3）分析一下要解决这个问题需要满足哪些条件。

（4）咨询一下别人有没有遇到过类似的情况，学习一下他们是怎么解决的。

（5）找到解决这个问题的方法，并且判断这种方法是否适用于所有情况。

在总结经验教训的时候，切忌表决心或者发表感慨，要注重经验在实际应用中的表现。这里通过反思"连续几天熬夜"这件事情来梳理一下反思日记的流程。

（1）这个问题是如何出现的？因为我每天写文章都写到很晚才睡觉。

（2）我能想到的可能的原因有哪些？这些原因中哪

些是可以证实的，哪些是没有根据的？当我把可能的原因告诉我的朋友或亲人，他们是否也认可？有没有人不同意这些原因？一是白天总是被人打扰，微信响个不停，我很难静下心来写作。同事讨论问题的声音也会打扰我。二是每次总觉得自己很快就能完成了，于是总是拖延时间，结果往往一拖就是几个小时。这里就是我对于自己完成时间的误判。我把自己认为的两种原因告诉朋友了。朋友也觉得我缺乏对于任务的规划和对时间的掌控力。

（3）要解决这个问题，需要满足哪些条件？一是远离干扰源，二是提前做好规划。

（4）别人有没有遇到过类似的情况？他们是怎么解决的？我认识的一些作者基本都会熬夜。通常情况分为两种。一种是自由职业作者，全职写作，他们熬夜以后白天睡觉，所以熬夜对他们身体似乎没有太大影响，但这种情况不适用于我。另一种是兼职作者，白天需要上班，情况与我类似。他们通常会选择早起写作，工作时间的间隙写作，以及下班后写作。

（5）我该用什么方法解决这个问题？那种方法适用于所有的情况吗？就我自己的具体情况来说，我应当创造一个白天也不会被打扰的环境。我采用番茄钟工作法，在写作的时候告知同事不要打扰自己，并且把电脑断网，准备一个降噪耳机在自己需要专注的时候戴上。同时，我会提前用GTD（Getting Things Done，意为"把任务完成"）时间管理法做好自己的任务规划，提高工作效率。当然，这种策略并非适用于所有情况，只是适用于我，这些方法我会在后文中一一介绍。如果你的工作性质需要频繁地与别人沟通和打交道，就不应该采用固定的时间策略，而是应该灵活地利用时间，比如在无人打扰的情况下赶紧进入专注状态中。

当反思日记使用次数多了，你会发现自己找到的原因越来越准确，思考的内容也越来越深刻。到后来，你渐渐可以避免或者预测一些事情的发生，同时思考的深度和工作能力都会得到提升。

知道了反思日记这一有用的工具，但是如何坚持使用这一工具又会是一个问题。这里我提供了几个方法来帮助你：

（1）用不断地输出来督促自己。我们可以在各种发布文章的平台写下自己反思的经过，当你看到有人评论点赞的时候会获得极大的鼓舞，也更容易坚持下去。

（2）告诉自己的朋友，让朋友监督你。

（3）给反思日记本身赋予更加神圣的意义。比如每写一篇反思日记都能让自己更加成熟。当事情变得有意义时，你坚持下去的概率就会更大。

轻松战胜坏习惯

　　之前我在讲反思日记的时候，提到我总是喜欢熬夜。因为早上上班的时间是固定的，熬夜的结果就是每天晚上睡眠不足，有的时候遇到特殊情况，甚至只能睡四个小时。身边的小伙伴总是督促我早睡觉。道理我都懂，然而我还是熬夜。

　　我当然知道早睡觉的好处，也明白长时间熬夜对健康不好。但是自从我转行以后，工作与之前不一样了，我也从管好自己的执行层人员，变成了需要负责整个项目统筹协调的项目经理。我不能再像以前那样，回家之后看看书，听听网课，写写稿子，享受自己的晚间时光了。

　　每当太阳升起的时候，总有一大堆的事情在等着我。我的六个通讯账号，每天都会产生超过十五页的消息。我不但要负责好手里的产品，还要兼顾与客户的联络。总而言之，我的日常生活就是忙得不可开交。

我写作的内容，要么是通过提取和拓展书中的知识点，再与其他领域进行关联而产生的，要么是我自己经过深度思考的观点。无论如何，这两种内容的产出都是非常消耗精力的。而想要在白天那种乱糟糟的工作环境中写出一篇篇逻辑缜密、条理清晰的文章，对我来说几乎不可能。

但是，到了深夜，大家都去睡觉了，我的世界就会变得无比安静。窗外汽车的鸣笛声几乎没有了，再也没有人可以打扰我，我就可以安静地坐在书桌旁边写文章。到了这个时候我会文思如泉涌，文章也便一气呵成。所以，我熬夜的根本原因不是不想睡，而是写作必须在一个安静的环境下才能进行。

除此之外，我也曾经是个拖延症患者。后面我还会详细讲述如何解决拖延症难题。人的意志力是有限的，而且每个人在不同方面的意志力是不同的。比如你可能对于让自己不吃零食毫不费力，但是对于手机的诱惑却毫无抵抗力。拖延症也是一样，我对于读书录课一向热情高涨，但是签约的写作任务，几乎每个月都会等到最后一天才完成。

很多人可能也会存在拖延症，比如告诉自己要早起，可能坚持了一段时间，就放松了对自己的要求；比如制订好了读书学习计划，买了一大堆书和网课，然而好几个星期都过去了，学习阅读的进度依然停滞不前。

平常我们改变坏习惯的方式都是见招拆招——管不住自己

的具体行为，就去学习如何提高自控力；总是拖延制订好的计划，就去学习如何摆脱拖延症。但是纠正下来，你可能会发现，付出了很多努力，却依然没有实质性的改变。在这种情况下，很多人索性就自暴自弃了。

这一切问题的根本原因在于我们的模式出现了问题。模式就是你做事情的普遍方式。如果你总是改不掉坏习惯，说明可能是你的模式出错了。

模式和习惯不太一样。习惯通常是单一的行为，比如说每天熬夜就是习惯。但模式是指行为本身以及行为背后产生的原因。比如说，因为安静的夜晚有助于思考，所以我选择了熬夜。但我熬夜的根本原因是我需要一个安静且不被打扰的环境，如果白天也有这样的环境，那我就可以不用熬夜了。

有一个概念叫作"NLP思维逻辑层次"，它将思维逻辑分为六层，包括系统（我与世界的关系）、身份（我是谁）、信念或价值观（为什么）、能力（如何做）、行为（做什么），以及环境（天时地利）。其中系统、身份、信念或价值观为上三层，能力、行为、环境为下三层。如果你常常说"我总是""我总要"，那么说明你的模式出错了。而模式出现错误，往往是因为上三层出了问题。如果你只是在行为层面做出改变，结果很可能会收效甚微。换言之，想要改变一个模式，就要改变系统、身份和信念，而不是尝试去养成一个新的习惯。

就拿我熬夜作为例子。我在做出这个行为时的信念就是要在不被打扰的环境中才能写出好文章，而只有晚上才不会被打扰。那么这个模式的问题出在哪里呢？我认为，首先"白天总是被打扰，只有晚上才不会被打扰"的信念就是错误的。白天的时候，我在通信软件上总是要接收很多消息，而我几乎每个时刻都在按照不同的优先级顺序回复不同人的消息。但事实上，通过通信软件进行交流，本身就是一种延时交流——也就是说，每一个人在使用通信软件的时候，就应该做好了长时间等待回复的准备。如果有急事的话完全可以打电话。所以，我应该在一个固定的时间来统一处理消息。

人在专注的时候工作，效率会特别高，这个状态被称为心流。通常进入心流需要10~15分钟。如果在工作期间总是回消息，总是被打断，就没有办法进入心流，自然无法专心致志写文章。前面说到了我经常被打扰，一是被通信软件打扰，二是被同事说话、讨论问题的声音打扰。对于这种情况，我认为降噪耳机或者隔音耳罩会很有用，而且我在进入专注状态以前，都会提前告知同事不要打扰我。从此以后，我就再也没有熬过夜。

有的时候，身份错位也会引发问题。比如有一次，我的客户不守时，没有按照与我约定的时间会面。我对此感到非常生气，觉得自己没有受到尊重。然而其实这就是一种身份错位的模式。因为我对于客户来说是服务方，客户本身肯定要优先去做价值最大的事情。而我在考虑问题的时候，就没有站在服务方的角度去考虑。我生气的原因是客户耽误了我的时间，但是如果认清服务方的身份，我就会发现，等待客户其实也是服务方的职责之一。

除了信念和身份，系统的认知错误也容易导致模式问题。如果说总是熬夜是信念出现了问题，那么常常困扰人们的拖延就是系统出现了问题。关于系统，有一个很重要的模型叫作转移负担模型。转移负担模型就是当我们遇到一个很难解决的问题的时候，先采用一些简单的办法减轻症状，结果深层次的问题会越来越严重。用通俗的话说就是"治标不治本"。当我们置身问题之中的时候，往往很难理性地看待发生在我们自己身上的事。一旦跳脱出来，我们就会立马发现自己正陷入转移负担模型中。

转移负担模型由两个负反馈环路组成，第一个环路可以暂时缓解症状，另一个环路则是能够根本解决问题的方法，但是它不会立竿见影。两个负反馈之间通常还有一个正反馈的副作用，这个副作用会让能够根本解决问题的方法更难发挥作用。比如拖稿直到最后一天才完成这件事，其实是以牺牲稿件质量为代价的。降低质量实际上还是在降低做事的效率。

在转移负担模型中，长期来看问题会越来越糟糕，系统的整体健康状态会越来越差，系统也越来越难以改变。对于拖稿这件事，长期来看副作用会有：稿件质量下降，长时间的伏案写作，编辑与读者的不满意，一次性投稿减少平台的流量等。

想要改变这个模式，就要从系统的角度入手，让系统从这个转移负担模型中挣脱出来。比如，提前做好规划，把工作进行提前拆分，要让它在日程表中有所体现，而不是到了最后一天放下手中的其他工作而专攻一项。

　　面对坏习惯，我们如果只从行为层面做出改变，可能很难坚持下去。如果想要彻底改变这些坏习惯，就要找到"NLP思维逻辑层次"中的上三层哪个方面有错，并且纠正它。只有这样才能从根本上改变这些坏习惯。

普通人如何快速成长

世界上所有的事情都有它独特的运行规律，只要你找到了这些规律，就能比绝大多数人做得好。

找到规律究竟有什么用呢？我来稍微解释一下大家就明白了。比如说，学习有高效的方法，考试有高频的考点，只要你掌握了这些方法和考点，就能取得优异的成绩与排名。人际交往也有技巧，掌握了这些技巧，你会发现生活中绝大多数矛盾都可以避免。你会更富有同理心，别人对你的评价也会更高。再比如写作，无论是学生时代语文考试的作文，还是现代在社交媒体上的写作，让人称赞的文章都是有规律可循的：如果你认真研究过高考满分作文，会发现它们一定是文采斐然且不落窠臼的，立意的角度往往新颖独特；而那些实至归名的高赞文章，要么利用信息不对称讲了一件大家都不知道的事，要么思想深刻，触动了大众的情绪。

那么，怎样才能找到这些规律呢？这里和大家分享一条捷径：观察——模仿——反思——提升。如果你想要提高自己的成绩，那就去观察好学生是如何学习的，看看他们用了什么样的学习方法，看看他们是如何听课、如何记笔记的，看看他们是如何完成作业的，看看他们在上自习的时候用什么样的方式保持专注，看看他们会向老师提哪些问题……你也可以去读那些教授学习方法的书籍，比如说《学习之道》《认知心理学》《自控力》等。然后，你就要亲自实践这些方法。可能并不是每一种方法对你来说都有用，我们可以先选一两个科目来做实验，找出那些对自己有效的方式，然后把它们迁移到其他学科。在众多有效的方法中，可能有一些对你来说得心应手，另一些则需要自己改进一下。

如果你想写出一手好文章，需要去做三件事：第一，多读书，阅读那些名家大师是如何写作的；第二，多写作，模仿名家大师的行文方式，看看他们是如何把一件平凡的事叙述得生动有趣，又是如何戳到了读者的泪点与笑点的；第三，多交流，去结交那些比你更优秀的作者，把自己的作品发给他们看，让他们告诉你哪里写得不够好，该如何改进。当你无意间看到一篇文章觉得文章优秀的时候，不要只是停留在夸赞这个层面，而是要去挖掘为什么作者写得好，在下一次写作的时候自己也要去尝试，这样你的写作水平就能得到快速提升。

我用自己写作这件事举例。东野圭吾的《白夜行》是我最喜欢的作品。这部作品在创作手法上最让我震撼的地方是全书从头至尾都没有强烈的冲突，哪怕最终悲剧的结局也只是轻描淡写的几笔,在情绪突然涌出、达到巅峰的时候戛然而止。在练习写作的时候,我尝试写了一段小短文,模仿了东野圭吾的风格,全文靠人物对话、衣着样貌、人物动作和景物描写等支撑。

如果你想提高自己的工作效率,那就去观察你认为的工作能力最强的同事是如何工作的,看看他如何与客户打交道,如何安排自己的时间,如何做规划。也许他用了什么简便的方法,也许你要分很多步的事情,他一两步就完成了。仅仅是观察和模仿还不够,你要思考为什么他能想到的方法而你却没想到,并下次试着用和他一样的方式去思考。

"观察——模仿——反思——提升"是刻意练习最基本的原则,也是精进任何技能的普适性规律。经验之所以称为经验,正是因为人在经历中积累的方法,能够指导人在未来遇到类似事件时该怎么做。如果没有反思,它只能被称为经历,并不是经验。

反思的过程,就是找规律的过程。苏格拉底说过,未经反思的人生不值得过。反思就是要去回想自己做过的某一件事,如果成功了,是因为做对了哪些关键环节?有没有值得改进的地方?如果失败了,是哪些关键环节出了问题?如果重新再做一遍这件事,之前出问题的地方要用什么方式来解决?把这些问题的答案总结成普适性的规律,下一次遇到类似的情境,就能处理得更好。

注意,我说的是找规律,而不是学"套路";是模仿,而不是抄袭。如果你没有找到最底层的规律，只是学会了形式，也很难取得突破。这些规律，一定是你从实践中发现、总结的，最终也一定应用在实践中。要观察那些在某一领域比自己厉害的人是如何做到的，然后想办法缩小自己和他们的差距。

慢即是快，厚积才能薄发。我发现网上越是有关短时间内暴富的问题，关注的人数就越多。真的有那么多一夜暴富的方法吗？这说明很多人过于急功近利，只看结果不问过程。但是，建造一幢高楼要做的第一件事就是打地基，想把楼盖得越高，地基就要挖得越深。台上一分钟，台下十年功。往往厉害的人都经历过长期的沉淀。你所看到的只是表面的突破，却不知在此之前需要数年甚至数十年的积累。

互联网给人们的生活带来了很大的便利，但同时也让人变得浮躁。每个人都追求快，想要快速提高专注力，想要快速提升成绩，想要快速学会某种技能，于是，各种七天、十四天速成营应运而生。你满怀期待地去参加，以为能一夜之间脱胎换骨，结果斗志满满地学了一箩筐的方法论却不知如何应用，之后又重新陷入了焦虑。

是因为那些方法都没用吗？不，其实是因为知识的积累与习惯的养成本身就是一个慢过程。也许你在考试前突击背下了所有的知识，侥幸通过了期末考试，但是，下一学期开始时你还记得多少呢？学了新的知识，你真的能把它和前面的内容融会贯通，形成自己的知识体系吗？也许你参加了一个写作速成训练营，老师教会你如何写开头结尾，如何拟标题编故事，但这样就可以了吗？一个吸引人的标题虽然能增加文章的阅读量，但是如果每次读者都发现你的内容与标题相差甚远，他们还会再看你写的文章吗？

一种方法告诉了你一条捷径，可以让你少走弯路，但并不代表不用走路。希望大家在追求快的时候，也能够沉下心，扎扎实实地走好每一步，打牢根基。短期来看，急功近利走得更快；长期来看，牢固的根基却能走得更远。

我们要学会主动学习。主动学习和走马观花式学习是相对的，就是说你哪里不足就主动去补哪里。数学学得不好就要在数学上多花时间，语文学得不好就要多看书多总结。觉得自己不会说话，那就去看提高沟通力的书籍，去参加沟通力主题的社群。自己不会管理资产，就要去上理财方面的课，读经济学、会计学、投资学相关的书。如果自己情绪常常失控，就需要去学习积极心理学——而不是看到一个社群的海报就觉得自己要参加。

主动学习有什么好处呢？一是会永远把最需要解决的问题优先解决。你的学习会变得有目的，知道自己要学的这个知识很重要，所以更容易坚持学完，而非交了钱就抛之脑后。二是这样学习的速度会比别人快很多，并且学得越多，就越懂得如何解决问题。

怎样才算是心理成熟

心理成熟是我比较欣赏的一种人生状态。下面我就来聊聊怎样才算是心理成熟。

1.以终为始的目标导向

就拿工作而言，如果我们以"更轻松地赚到钱"为目标，那么只要把工作做完就可以休息了。如果我们以"个人和企业的成长"为目标，那么当前这份工作的薪水其实并不重要。比如说，很多人创业的时候筚路蓝缕，因为心中有一个宏大的愿景和梦想，再苦再累都能坚持。如果要以"职场晋升"为目标，那就要更多地考虑在工作中培养自己的核心能力，在关键节点做出更多重要成果，开拓资源。有了工作成果才能升职加薪。

我认为目标导向算是心理成熟的一个重要标志。我们在工作和生活中会遇到太多的阻碍，就好比你要穿过一片草丛，泥水会打湿你的鞋。若想要鞋不被弄脏，最好的方法是站在原地不动。

但你想要穿过草丛，就肯定会弄脏鞋。我们还有一种解决方法，就是快速跑过去，然后再把自己的鞋刷干净。我们对于目标的坚定程度将决定我们能不能顺利通过草地。

2.拥有更多的同理心，避免自我优越感作祟，避免妄自菲薄

我要先深刻地反省自己。以前我看到有人留下浅薄的评论时，心里多少会有一点鄙夷，或者看到一些不符合常识的言论时，我也会嗤之以鼻，觉得这些人天天不去提高自己的能力，一心只想速成。当然，我不会把这些话说出来，多半都是在腹诽。

我以前一直有一个偏见，就是一个人如果过得不好，多半是他自己的原因，也许是他上学的时候没有努力学习，大学的时候翘课打游戏，工作以后又抓不住重点去努力。明明是自己的问题，却归因到家庭、学校、企业、社会。随着对世界的了解越来越多，我开始知晓，其实大部分人并不知道自己被错误模式牵着走。很多人不相信，也想不到自己真的可以改变自己的人生。《零极限》中说，人生有四个阶段：第一个阶段是"生活发生在我身上"；第二个阶段是"我可以改变我的生活"；第三个阶段是"臣服"；第四个阶段是"开悟和觉醒"。大部分人都停留在了第一个阶段。这并不是他们故意要推卸责任，故意要找借口，而是在过往经历中，没有机缘让他们走入第二个阶段。而我之前却傲慢、武断地认为，一切都是这些人自己的问题，他们不值得被帮助。

我认识的好多人，特别是在某个领域有些许成就的人，都有和我一样的问题，就是容易看高比自己厉害的人，同时看低某些方面不如自己的人。我们没有意识到大家都是一样的，只是有的人在某些方面突出，有的人在某些方面不擅长而已。

不能客观、平等地看待他人，这一点对事业有非常大的阻碍。比如，你轻看自己的下属，就没办法放心地把工作交给别人，总是觉得别人做得不好，最后不仅让自己手忙脚乱，也会延误进度。最重要的是，当产生这些有偏见的想法的时候，心情也会很差。

你只有理解别人，理解他们为什么会是这种状态，才会不带任何偏见地与他们相处。不管一个人的想法或者话语是什么样的，都是出自他当下所处的环境以及过去的经历。无论一个人的认知水平如何，他们想要向上的心都是一样的，都值得被肯定。

3. 包容多元化的"好"

小学六年级的时候，我曾经经历过一段时间的校园冷暴力。那时候我安慰自己的办法就是，我要赢过那些曾经欺负过我的人，我要过得比他们好。

后来我和他们之中的一些人上了同一所初中，我的年级排名比他们靠前，我觉得自己赢了，中考的时候我的成绩是全市前几名，上了我们当地最好的高中，而他们中的大部分人都没考上我所在的高中，我觉得自己赢了；再后来高考，他们去了普通本科院校，而我去了985高校，我觉得自己赢了；之后一个机缘，我得知一个曾经欺负过我的同学收入没我高，我又觉得自己赢了。

现在回头看看自己过去的想法，我觉得那时的自己好愚蠢。为什么我要把别人当成竞争对手呢？为什么我一定要比别人过得好呢？别人过得如何和我有什么关系呢？

我有时候因为办事还会回到曾经工作过的城市，和老同事一起吃饭叙叙旧。我羡慕他们离自己的父母近，有空闲时间和周末。而大家羡慕我收入高，可以做自己喜欢的工作。所有人的羡慕都是真诚的，祝福也都是真诚的，但是世事总不能十全十美，每个人只要选择最适合自己的生活就行了。

好有很多种，每个人过上自己想要的生活，那就是好的。

4．可以衷心地祝福那些取得成功的朋友

一般来说，大家对身边人会更容易生出嫉妒的情绪，反而对那些公众人物的成功并不是很介意。面对以前和自己起点差不多的朋友升学成功，事业成功，有些人表面上会祝福，但心里却五味杂陈。

阿德勒心理学认为，有些人因为把他人的幸福看作自我的失败，所以才无法给予他人真正的祝福，即潜意识中认为身边人都是和自己有竞争关系的。这种竞争不是竞争考试排名，也不是竞

争同一份工作，而是证明自己比别人厉害。如果是基于这样的想法，那么别人的好就衬托了自己的失败。

如果你认为这种竞争只能有一方获胜，势必会让自己陷入自卑或者自负之中。如果你总是想要在人际关系中成为胜利的那一方，就会不知不觉地把他人，乃至整个世界都看成敌人。其实要想解决问题很简单，你只要放弃竞争就可以了。我们要把目光聚焦在自己身上，自己的价值只在于自己的进步，别人怎么样都与自己无关。

5.受到委屈时，不再急于争辩

我们每个人心里都住着一个小女孩或小男孩，当我们感到委屈的时候，这个"小朋友"就会跳出来，下意识地为我们辩解："我不是这样的人，你凭什么这样说我？"但你会发现很多时候对方根本听不进去你的辩解，他们只会坚持自己的想法。这会让你觉得更加委屈。其实面对这种问题的解决办法是：如果是关系不大的人让你受了委屈，就随他们去吧；如果是亲近的人让你受了委屈，比如说亲人，那么就当着他们的面大哭一场，向他们传达你的情绪就好了。总之，不要意气用事，不要逞一时之快。

6.不再轻易反驳别人，因为你永远无法说服一个人

当有人怒气冲冲来反驳我的时候，我会赞同他的观点。有的人习惯性反驳，是因为你的某些话触碰了他的观点。他不能容忍自己的观点被怀疑，所以要反驳你。因为他要坚持捍卫自己的观点，所以你说什么他都是听不进去的。你越是争辩，他越会觉得你无法理喻。

他其实并不是想要证明你是错的，他只是急于向别人证明自己是对的。这种人明显就没打算相互沟通，他只是想说服他人，所以顺从他就好了。面对这种情况，最好的办法是，肯定对方的想法，然后继续按照自己的想法去做。

7.避免使用"不就是×××"这样的句式

学习的前提是拥有空杯心态，只有你打心底认识到自己在一些方面的不足，才能汲取新的知识。同样地，如果一个人在某方面很厉害，但是你却出于一些原因看不上他，那么这种心态就会阻碍你学习到他身上的闪光点。

年轻人的三个心结

有一段时间我专注修心，突破了一直困扰自己的三个心结——学会放下"精英主义"，不再在意外界的声音，告别金钱焦虑。这三个心结其实也在困扰很多年轻人。下面我来聊聊这三个心态上的变化是如何产生的，对我的生活和工作有什么影响，以及我是如何应对它们的。

放下"精英主义"

"精英主义"曾经是我的心结之一。以前的我，看到一些人认知水平不高却收入不低，总是看不起他们从事的工作；看到一些内容浅薄的文章大受欢迎，心里总是愤愤不平；看到工作上一些能力平庸的同事与我搭档，总是看不起他们。那时的我并不觉得自己这样想有什么不对。

其实，当你带着偏见去看待一件事的时候，你就失去了从中学习的机会。后来我才明白了这个道理。就像在工作上，每一个人擅长的方面是不同的，我们不能用别人的短板来衡量他的其他能力。

后来，我开始放低姿态，去向一些我曾经看不起的人真诚请教，询问他们是如何做到我没做到的那些事的。由于我真诚的学习态度，这些我曾经看不起的人也都常常毫无保留地跟我分享他们的经验，其中的一些观念和方法甚至打破了我的认知。我为自己曾经的偏见和格局狭小感到非常惭愧。

在我放下偏见后，我开始观察身边为什么有的人相貌平平、资历平平，但是大家都喜欢他，是他的哪些做法让大家产生这样的感觉；我开始观察那些粉丝少但是黏性高的小作者身上有哪些闪光点，可以留住自己为数不多的粉丝；我开始观察那些从事普通工作的员工，为什么他们可以留下，而其他人却总是被替代。

以前我觉得放低姿态、向人请教是一件羞耻的事，觉得对方既然是不如自己的人有什么好请教的？但是现在我深深地、打心底佩服他们。当我转换了心态的时候，身边人的优点像金子一样涌现在我眼前。

庄子在《大宗师》中说过，"道"就在万事万物之中，我们应当向一切事物、一切人学习。孔子也说过，三人行必有我师。我真真实实地体会到，傲慢和偏见是阻碍自己成长的最大绊脚石。当一个杯子装满了水，再装就装不进去了时，我们要做的是，倒空杯子里的水，或者干脆换一个具有更大容量的容器，这样才能承载更多的东西。

我以前一直在管理上"一把抓"，潜意识里是因为我不放心，不信任别人能做好工作，觉得要亲力亲为，按照我既定的思路来执行，下属才不会出错。现在我认为，也许每个人只需要发挥好自己的优势，让合适的人出现在合适的岗位就好了。认识到自己的局限性后，我放下了"精英主义"的想法。

不再在意外界声音

有一段时间，因为被一些消息困扰，我暂停了在互联网上的写作。因为在互联网上创作、被人关注的时候，有人喜欢你，同时也有人讨厌你。然后那些讨厌你的人就会做出一些让你困扰的事情。比如，有的陌生人从我过往的文章中挖掘蛛丝马迹，通过他的想象捏造出一篇抹黑我的文章，明明内容上漏洞百出，却仍然有人信以为真；比如，我只是客观理性地和其他作者探讨观点上的分歧，却被对方人身攻击；再比如，有一些网友冒充是我的朋友，捏造一些子虚乌有的事情，并告诉其他人这些都是我做的。

在很长一段时间里，我都在为这些事情而苦恼。我很想去反驳这些信息，但是又无力反驳。因为我要自证清白的话，就需要暴露更多的个人隐私。而且我的回应会让那些人对我更加纠缠不休。久而久之，我就渐渐丧失了创作热情，不想再写文章了。

后来，我可以坦然面对这些不友好的信息了。这是因为我通过自己的修行，在心态上发生了变化。我开始知道，每个人都戴着有色眼镜看世界，而你的眼镜和我的眼镜并不相同，因此我们看到的世界也并不相同。我开始理解德国心理治疗师海灵格所说的："我允许别人如他所是，我允许他会有这样的所思所想，如此地评判我，如此地对待我。因为他本来就是这个样子的，在他那里，他是对的。"我开始明白，我做的事情是中性的，别人评价的言语也是中性的。而我的感受只生发于自己的内心，我看到的世界是自己内心的投射。

我开始练习转念，找到每一件看起来糟糕的事情背后的积极意义。我开始绕过事件和言语，去看到他们这样说、这样做背后的意图和念头。我知道他们只是渴望关注、渴望爱，而我被不友好地对待，是因为我过去也曾不友好地对待过别人。我不再像以前那样在意外界的声音，因为我开始全然地接纳自己，接纳自己的不完美。同时，未来的每一天我都会变得更好。

告别金钱焦虑

经过一番挣扎，我终于决定动用自己的存款了。这可能对于一些人来讲司空见惯，但对于我来说，这突破了自己多年来的心理门槛。

因为原生家庭生活不算富足，我在很长一段时间内都处于一种非常重视物质需求的状态。所以在每个月收到项目款后，我的银行卡里之前的余额便永远不能动，而且我每个月的开销永远不能超过我月收入的一半。对于我来讲，不花存款是我的底线。

后来之所以能突破金钱焦虑的心结，是因为我的内心开始变得富足起来。我开始明白财富从哪里来——财富是因我过往的慷慨而来，是我帮助别人解决问题得到的回报。财富就像篮球比赛的记分牌一样，而每解决一个问题就会得到相应的分数。如果只是盯着记分牌上的数字，是不会让自己的分数变得更多的。专注于解决问题，记分牌上的分数才会增加。

当我把注意力更多地专注于怎样给员工、合作伙伴分享更多的收益，怎样帮助学员赚到更多的钱，怎样帮助客户解决问题，如何慷慨地给予别人我的财富，如何选择送给朋友们爱的礼物，如何给予社会上的弱者关怀时，财富最终都会回流到我这里。

我的老师曾经说过一句话："你得不到你从不分享的东西。

爱是如此，财富亦是如此。想要得到什么，就要先给别人什么。"当我更多地分享的时候，内心的匮乏感开始逐渐消失。

告别金钱焦虑，意味着我能比之前做更多的事情。比如，我可以拿出一部分的钱来做研发投入的成本；比如，我可以沉下心来做一个当前没有收益，但未来预期回报好的产品；比如，我可以招募到更厉害的人，付给他更高的薪酬，以创造更多的价值。以前的我只想赚到眼下的钱，上面说的这些事情我都做不到。

当这些心结逐一消除后，我的人生也开始随之改变了。有时候我们一直在努力，却一直在原地踏步，也许并不是因为缺少方法，而是因为自己的心结没有解开。我不知道自己未来会走向何方，现在也还有其他的心结等待去解决，但我知道，每一天都会变得更好。

成长过程中的最大陷阱

我认识的一些朋友在大城市拼搏很多年，努力工作，努力挣钱，却一直没攒下什么钱。比如我的一个学长，毕业的时候他的父母想让他回家当公务员，而他却一心想留在上海，为此没少和家里人争吵。他在上海的工资大概是月薪一万元出头。没过几年他还是选择回老家工作了。学长曾经感慨自己最终还是输给了现实。

我们之中的很多人，可能都曾经掉入过能力错觉的陷阱。我们因为学业或者工作的缘故，与形形色色的人打交道，而其中不乏一些家庭条件好的人，这个时候我们内心深处就产生了对于更加美好的物质生活的向往，并觉得自己也能过上那样的生活。这种向往本身是没有错的，问题在于这样的生活和我们自己当前的能力是不匹配的。

那么什么是能力错觉呢？能力错觉的典型特征就是"我本应该"。在学生时代，我们典型的能力错觉就是"记了笔记的知识点我都掌握了""我本应该考上那些名牌高校""如果不是自己的失误，我早就更上一个台阶了"等等。这种心态的潜台词就是现实配不上我的水平。

说来惭愧，我曾经也是沉浸在能力错觉中的一员。我整个高中时代的梦想就是去北京大学学习生物科学专业。高中的时候我努力学习生物知识，并且在高考前的模拟考试中考出好成绩，仿佛自己再进一步就能梦想成真。这是支撑我高中三年努力的全部动力。然而高考成绩公布的那一天，现实狠狠地打了我一个耳光。我在家里哭得昏天暗地，一度想去复读，最后还是认清了现实。

我终于明白，其实根本没有什么发挥失常。我考上我最终就读的本科学校就已经符合了我真实的能力水平。在考试前我认真复习，在考试时我保证会做的题都对，而不会做的题就是不会做，没有发生任何意外，也根本不存在发挥失常的情况。

因为求职面试的难度很大，进入工作单位后，我本以为即将从事的工作内容一定是非常专业的。结果入职以后，我发现自己要做的事情大部分都是简单、重复的，很少用到自己所学的知识，因此对工作非常失望。随着成长我想明白了，并不是这份工作本身有问题，而是我对自己的能力预期出现了问题，总是活在自己的想象之中而忽视了现实情况。

毕业时满腔热血的年轻人，在工作几年之后渐渐被社会磨平了棱角。这并不是社会对他们施加了什么影响，而只是他们成熟起来，摆脱了很多不切实际的幻想。

能力错觉让人总觉得自己没有过上本应该过上的生活。其实以你目前的能力，你的生活本来就是现在的模样。如果你的生活一成不变，要从战略层面思考一下问题出在了哪里。

能力错觉的可怕之处在于，一旦你给自己贴上了"我本应该"的标签，就会陷入一个"得不到不是我的问题，而是别人的问题"的怪圈，打心底拒绝改变。每个人做决定的时候会受限于自己的经历和眼界，做出的决定未必是真正的最优解。当面对生活的抉择时，我们要跳出自己的惯性思维，这样才会发现原来还有更多的选择。

多经历才能摆脱能力错觉，但这并不只是说说这么简单，而是需要相当大的决心和勇气。对于我们来说，能力错觉成本最低的解决方式就是读书学习。或许读书学习会让眼下的生活变得更加辛苦，但是从长期来看，却是一笔回报丰厚的投资。在学习和重构人际关系的过程中，也许很多原本困扰我们的问题就迎刃而解了。跳出现有的思维，你会发现曾经的难题并没有那么难。当你被困在"二选一"的境地中时，就要跳出去寻找第三种解决方案。

随着自己的不断成长，我们会陷入年龄焦虑的恐慌之中。也许在固有思维里，每一个年龄都应该有对应年龄的成就，但往往我们达不到这样的成就。年龄的变化对我们来讲，仿佛前一天全世界都把你当成一个小孩子而对你格外宽容，可是第二天却要用大人的担当和责任来严格要求你。

世界上没有一夜之间的成熟，所有的成熟都源自经历。而能力错觉其实算是一种对成长的逃避，通过在幻想中所做出的决定来逃避应该试图去改变的事实。高考失败、专业不好、工作选错——人生还有很多次选择，不要一直活在过去。

能力错觉、想要走捷径和充满焦虑感都是成长过程中的绊脚石，越早摆脱就越早受益。以前我身陷能力错觉陷阱的时候，除了总是自怨自艾以外，没有半点收获。我们要看清自己的身份和所处的位置，不为物质生活和可能逆袭成功的奇迹而着魔，焦虑感就不会一直折磨我们。脚踏实地地向前走就好了，这样才有底气过上自己真正想要的生活。

第四章

高效行动

如何克服拖延症

不知道你有没有过这样的经历：快要考试时，你翻开书准备认认真真地复习，然而却今天拖明天，明天拖后天，最后实在拖不了了，只好临时抱佛脚，浑浑噩噩地去考试。

这就是典型的拖延症。拖延症有多种成因，因此并没有一个适合解决所有拖延症的方法。我在下面列举了一些情况，大家看看自己属于其中的哪种，然后对症下药。

我将以理性情绪行为疗为理论基础，从认知、情绪和行为三个层面给出治疗拖延症的解决方案。

（1）认知层面：要看清拖延行为运作的原理，改变自己拖延的思维习惯。

（2）情绪层面：训练意志力，即使面对不舒服的环境，也能按照原本的意愿执行。

（3）行为层面：确定方向，运用知识，落实行动。

先从认知层面上说起，认知科学把拖延症分为四种类型：期限拖延、个人事务拖延、简单拖延与复杂拖延。

期限拖延就是指面对那些看起来复杂、前景不确定的任务时，我们想要逃避这个任务产生的拖延。解决的方法就是列出工作目标表：工作目标是什么？截止日期是什么时候？项目关键步骤有哪些时间节点？在完成任务的过程中，你可能会受到哪些干扰？把实现这些工作目标可能遇到的问题梳理清楚，你就不会无限期地等下去了。

个人事务拖延通常是和自我提升有关的，虽然有一个明确的截止日期，但是却没有明确的启动日期。于是每天你总是会告诉自己从明天开始吧。对于这个问题，我们可以用个人事务优先等级表来解决，只做重要的事，不重要的事无论紧急不紧急，能不做就先不做。

理性情绪行为疗法有一个非常著名的ABCDE方法，适用于解决拖延、焦虑、抑郁等一系列负面情绪。

（1）A（Activating events）是触发你拖延的事件。

（2）B（Belief）是你遇到事件以后立即想到拖延这个过程的自动化思维。

（3）C（Consequence）是你拖延之后的结果。

（4）D（Disputing）是质疑，即要对你原来的B进行干预。

（5）E（Effect）是你采取新的思维方式以后产生的效果。

具体来说，我们首先要对"以后再做"的思维进行隔离处理，然后植入"立即行动"的思维，引入与拖延思维相反的思维方式，最后努力管理自己的感受。

思维层面的东西都比较抽象，而情绪和行为的部分就比较容易理解了。这里先说一个情绪模型——马与骑手模型。马与骑手模型象征着激情与理智之间的冲突。马代表我们的激情与冲动，如果感觉不好，就会立刻逃离；如果感觉愉悦，就会去争取。骑手代表了我们的高级思维：进行推理、找出联系、制订计划、控制行为等。

站在三岔路口，你有两种选择——要么达成目标，要么拖延。马总是选择更轻松或者危险性更小的道路，它知道赖床比早起更舒服，躺在家里玩手机比出门去上健身课更舒服。但是作为骑手的你有着更明确的目标，你知道什么对自己更好。

这里还有一个双议程困境。所谓双议程困境就是外在目标和内在目标的冲突。外在目标就是指骑手的利益，比如提高成绩、完成项目、减肥成功等；内在目标是马的意志，它不希望有任何不舒服的感觉，每当你想要去做一件需要努力才能达成的事情时，它就会诱导你松懈下来。你想从学习中受益，但是不喜欢学习的过程；你想提前完成任务，又不喜欢精神高度集中的过程。你转移自己的注意力去做一些替代性的活动，从而避免立即面对这种不适，于是就产生了拖延。

你要学会在感觉到不适的时候暂缓行动，先清楚发生了什么，然后转向富有成效的行为。接受了不适感之后，你就不大可能逃避重要的任务。而《终结拖延症》这本书中的PURRRRS练习可以帮助你暂缓拖延的冲动：

（1）暂停（Pause）：当你想要拖延的时候，对自己说"停"，你要意识到自己产生了一个想要拖延的念头。

（2）遏制冲动（Use）：启用你的认知、情绪和行为方法，遏制想要转移注意力的行为。

（3）反思（Reflect）：深呼吸，认真体会一下此时此刻的感受，问问自己想要达成什么目标。

（4）推理（Reason）：问问自己，如果我屈从了拖延的渴望，后果是什么？如果我继续坚持原先的日程，结果会怎样？接下来该采取什么样的行动计划？

（5）做出选择（Respond）：既然知道了拖延和坚持原计划的优劣，那就做出选择吧。

（6）回顾与修正（Review and Revise）：回想一下战

胜拖延症的方法，由此决定如何改进计划来对抗拖延。

（7）巩固练习（Stabilize）：你需要积极地遵从立即行动的原则并进行不断练习。

压力性拖延大多来源于我们自身。很多时候，我们不愿意开始的原因是任务太复杂，害怕自己做不好。自我怀疑、完美主义、害怕批评和害怕失败是压力性拖延的四个重要因素。但是拖延并不会让结果变得更好，只会随着截止时间越来越近而产生紧迫感。

对于这种类型的拖延，我们知道了自己内心的畏惧，那么就应该想办法让结果变得更好。对于即将到来的情况，我们要把模糊性和不确定性看作正常现象。虽然不能准确地预测所有情况，但是我们可以想一想有哪些潜在的、可预见的阻碍，然后计划如何积极地应对它们。为了制订计划，我们要收集和这个任务有关的信息，以便遇到变化的时候及时调整我们的计划。拖延不能让结果变得更好，我们应该选择有计划地去完成目标。

把一天之中要做的事列成一张表，在"要做的事"那一栏中写上自己的计划，如果完成了，就在这个事项后面打个钩——这是所有时间管理法、清单管理法都会教你的内容。有一种叫作战胜拖延任务表的方法与这些方法有点不一样，它后面多出两列，留给"要避免的分心行为"。"要避免的分心行为"是指对于你要做的这件事，曾经有哪些干扰让你变得拖延。比如说"要做的事"是"复习高数"，而你学习过程中最大的敌人就是"玩手机"和"与同学聊天"，那就把这两项写在后面。如果你今天的学习全程都没有玩手机，就在"玩手机"后面打个钩。

还有一个方法叫作逆向规划。比如你给自己定下了一个健身计划，又害怕因为拖延而完成不了，可以试试逆向思考。

我锻炼了一年的身体，现在身材很好且精力充沛，在朋友圈秀马甲线的时候，大家都很羡慕我；在此之前，我按照日程进行锻炼，拒绝任何懈怠；在此之前，我第一次进入健身房并开始锻炼；在此之前，我给健身中心打了个电话，安排了和私教的第一次会面；在此之前，我接受了改变自己必然会伴随着不适的感觉这个事实。我坚决拒绝以逃避来取代有意义的努力。

逆向规划的最后一步就是你真实计划的第一步。这个过程最重要的就是要把你的计划细分成具体的步骤，它能帮助你结束思考，开始行动。

这里还有一个有用的方法叫作五分钟计划法。比如当你想起自己应该写文章，却迟迟没有动笔时，对自己说："先写上五分钟吧。"五分钟之后，我们再决定下一个五分钟做什么。以五分钟作为时间间隔，直到你决定停下来为止，这样你会发现，自己已经不知不觉地做了很长时间。

还有三个概念叫作"追赶""跟进"和"超越"。"追赶"的就是被拖延的，仍然紧迫且重要的任务；"跟进"的是当前正在进行的任务；"超越"的是离截止时间还有段距离，提前完成可以减轻自己日后负担的任务。

对于已经进入"追赶"状态的任务，我们每天要多花一点时间，直到把里面的内容慢慢消化、清空为止；对于"跟进"状态的任务，我们要给予足够的关注，不要让它变为"追赶"状态；对于"超越"状态的任务，我们每天可以把多余的时间放在上面，这是你奔向梦想的方向。

我们不喜欢学习，是因为学习的过程需要突破我们原有的认知，也就是走出舒适区，这是和我们天生喜欢稳定、不愿意改变的特质相违背的。

为了让自己打破厌恶学习的怪圈，首先，可以试着将学习与你喜欢的东西建立正向联系。比如说你喜欢听古典音乐，那就可以一边听音乐一边解题，前提是你的专注力不会受到音乐的干扰。

心理学中有一个普雷马克原理，指的是如果你很好地完成了一件不喜欢的事情，又紧接着做了一件很喜欢的事，就会削弱对前一件事的反感。在了解了这个原理之后，我们可以给自己设置一些条件性合约，比如按时完成学习任务就奖励自己去看一场电影。

最后，我再总结一下克服拖延症的方法：

（1）拖延症有期限拖延、个人事务拖延、简单拖延及复杂拖延四种，只有找出自己属于哪一种情况，然后对症下药，才能有最好的效果。

（2）在认知层面要改变自己的拖延思维，对自己的思考方式进行再改造。

（3）在情绪层面，你想从学习中受益，又不喜欢学习的过程，那就要操控好情绪的"小马"，让它乖乖听你的话。

（4）在行为层面可以通过任务表、逆向规划的方式解决拖延。

（5）对五分钟计划，"追赶、跟进、超越"分类法等拖延实战小技巧进行合理应用。

高效人生

当我还很小的时候，妈妈就告诉了我两个至简的道理：

（1）吃饭、睡觉是人生最重要的事。
（2）劳逸结合比持续学习更有效。

从上小学到今天，这两个原则已经伴随了我二十多年。小的时候，我从未像其他小孩一样因为注意力缺失而让家长苦恼不已；到了高中、大学，即使面对长时间的学习，我依然能保持很高的效率——这一切都得益于妈妈的忠告。以前在家里写作业、看书的时候，每过45分钟，我的妈妈就叫我离开书桌休息15分钟，洗洗自己的小衣物，或者洗个水果给自己吃。即使最忙碌的高三，我也没有"衣来伸手，饭来张口"的待遇。

后来随着生活节奏越来越快，我开始无师自通地展现出自己在时间管理方面的天赋，仔细想想才发现那并不是什么天赋，而是来自家庭潜移默化影响的结果，这时我才理解妈妈的良苦用心。我在读过吉姆·洛尔的《精力管理》一书后，按照书中的方法对自己原有的习惯进行了微调，最终形成了我目前的生活模式。

这里列举我一边工作，一边兼职做自媒体时期的时间安排作为时间管理的例子。

我给自己规定了每天必须做的事，这是雷打不动要完成的。其他的事项会根据当天自己的状况挑一两件完成。对我来说，"必须做的事"包括：练琴30分钟，阅读四个小时。工作日我一般不会练习新曲目，只会挑一些比较熟练的曲目来弹，作为开始阅读前的准备工作。阅读通常会被我安排在晚上八点以后。不间断的四个小时很难做到持续专注，因此我把它分成了四个45分钟的片段，中间穿插完成两次冥想、吃水果以及洗漱，在最后一个15分钟我会反思刚刚过完的一天，最后在手机便签上写个简短的总结，然后睡觉。

其他事项里包括锻炼身体、写作、听各种线上课程、投资理财等内容。有的时候，我中午不能休息，晚上还要继续加班到很晚，回到家已经累到只想睡觉，但是我还没有完成必须要做的事情。我会在周六的日程上添加上尚未完成的事项，确保以一周为周期的时间段内任务总量按计划完成。

对我来说周末的两天中有一天是用来调整生活节奏的。如果前五天都按计划完成了，那么这一天我就可以放松了。在晚上总结、反思本周发生的事时，我会列出下一周的书单和周计划。如果这一周的前几天存在没有按计划完成的必须事项，那么这一天我就不允许自己消遣，必须把前面的"欠账"补齐，而余下的时间才能自由支配。

每个人的工作习惯不一样，这里我只是举了自己的例子。下面我要介绍的是精力管理的具体方法。掌握了这些要诀，每个人都能根据情况设计出最适合自己的时间管理方案。

精力就是做事情的能力。包括体能、情感、思维、意志四个方面。比如说快到考试周了，你在图书馆里复习了六个小时，结果只记住了前两页的内容，学习效果自然是大打折扣。从时间安排来看，你的确完成了自习的任务，但是效果不佳。精力是高效能完成任务的基础，日程表安排得再合理，如果不能做到全情投入，也只是白白地耗费时间。精力管理有四条重要原则：

（1）全情投入需要调动体能、情感、思维和意志。

（2）过度使用和使用不足都会削弱精力。

（3）我们需要进行系统训练来提高精力。

（4）要有具体的精力管理方法，即积极的精力仪式习惯[①]。

---

① 仪式习惯是指定义明确，具有高度计划性的行为。

看待问题，厉害的人通常先考虑"为什么"，再考虑"怎么做"。在精力管理中，我们必须按照明确目标、正视现实、付诸行动这三个步骤进行。

其中正视现实，就是要知道自己哪里做得不够好。发现缺陷是改变的开端，具体可以从表现情况来观察。

这里重点来讲一下行动部分。我们已经知道了精力有四个方面的来源，想要提高精力，就要从这四个方面入手。首先我们要明确一个总原则——劳逸结合是实现高效行动的基础。无论是体能、情感、思维还是意志，它们都是有限的，过度消耗就要进行补偿。而休息就是补偿的最好方式。

影响体能的因素主要有呼吸、饮食和睡眠，这也是为什么我母亲常告诉我吃饭、睡觉是人生最重要的事，多年以来她一直督促我无论什么情况都不能废寝忘食。

有规律的呼吸可以帮助我们缓解压力，达到彻底放松的境界。这是最简单也是最有效的休息方法。刻意训练深呼吸能够让我们打起精神去完成接下来要做的工作。具体的方法是：长呼一口气——分三次慢慢吸入——分六次慢慢呼出。我们一定要控制自己，努力做到平稳、有节奏地呼吸。

这里有一些具体的小贴士可以帮助我们保持体能，让我们精力充沛：

（1）早睡早起。

（2）坚持在固定的时间睡觉和起床。

（3）少食多餐。

（4）饮食健康，营养均衡。

（5）减少单糖化合物的摄入。

（6）每天吃早餐。

（7）每天喝1.4到1.8升水。

（8）每天进行适量的运动。

（9）工作每90分钟休息片刻。

积极的情感是我们学习、工作的动力，能让我们发挥出最佳水平。消极的情感则会让我们做事情的效率大大折损。我们的情绪很大程度上会受到身边人的影响，所以处理好和亲人、朋友的关系尤为重要。这里涉及情商中一个重要的指标——情绪管理。而《精力管理》一书的作者给出了一些提升情商的具体要点：

（1）学会倾听。

（2）留一段时间独处。

（3）批评别人的时候，要先给予真诚的积极评价，给出的意见要表达出讨论的态度而非训斥，最后要予以鼓励。

（4）定期陪伴家人，与朋友聚会，联络感情。

（5）对周围的人更加诚恳。

体能、情感与思维是相辅相成的，积极乐观的人生态度有助于思维精力的恢复。神经科学研究结果表明，我们的大脑有"专注思维"和"发散思维"两种模式，长时间专注后，我们转而去做散步、洗澡、听音乐等与发散思维有关的活动，反而可能会让我们灵光一现，给陷入死胡同的问题找到解决方案。思维和体能是类似的，大脑经过长时间思考的劳累之后也需要休息。这里有一些提升思维精力的具体方法：

（1）上课或上班途中思考一天的任务与挑战。

（2）每天进行总结反思。

（3）通过日记进行自我积极对话。

（4）每天早上列出紧急处理清单。

最后和大家分享一个让自己有更多可支配时间的方法——复用时间。所谓时间的复用，就是一份时间拿来做好几件事。我每天早上起来洗漱的同时会收听有声书。我并不是为了免去自己读书的麻烦，而是为了选择书籍——找到自己对哪本书感兴趣，决定自己是否要买来阅读，所以我并不需要专心致志地去听。

　　另外一个复用时间的例子就是，我每天要和朋友利用做饭和吃饭的时间进行视频聊天。等吃完晚饭，我们就挂了电话开始继续各自的学习。别忘了，情感也是精力的来源之一，沟通是维系稳定亲密关系必须要做的事。

　　这里给大家介绍了高效生活的策略，一下子改变自己是不现实的，改变要从一点一滴开始。

我的目标合理吗

很多人经常在自己的日程表里安排上一些帮助自己变得更加优秀的计划，却不知道如何开始行动。出现这种情况，很可能是因为你制定的目标存在问题。

我一直在经营自己的社群。每期社群为期二十一天。在社群开始前，我都会让成员们给自己定下一个社群结束时的小目标。很多同学回答的都是类似于"提高自己的思维方式""提升自己的学习能力""读完十本书""坚持早起""努力学习英语"等目标。如果你也曾经树立过这样的目标，那就要注意了，这种目标是很难实现的。

"SMART"原则

就拿提升思维方式和学习能力而言，这两种概念是非常抽象的。如何才算是提高呢？是写文章的思路变得更清晰了，还是看待问题的角度更加多元化了？至于读书、早起、学英语等，这些都是长期的事情，在短短二十一天内是无法完成的。如果你在之前都无法养成良好的习惯，现在想一下子改变自我，那基本上是天方夜谭。一旦你发现自己的目标实现不了，就可能会陷入一种自暴自弃的情绪中。

所以，正确的目标要小且具体，这样才容易实现。这里给大家介绍一个制定目标的"SMART"原则，即：目标应当是具体的（Specific）、可以衡量的（Measurable）、可以达到的（Attainable）、与其他目标具有一定相关性的（Relevant）、有时限的（Time-bound）。

1.具体的（Specific）

目标要具体。比如"做一个努力学习的人"不是一个具体的目标，而"学习更多心理学知识"相较而言更具体一些，但还是不够具体，最终将目标定为"学习更多认知心理学的知识"便更进一步了。想要目标更具体，你就需要实实在在可以执行的事件。

2.可以衡量的（Measurable）

目标要可衡量。诸如"一些""很多""变好""提升"这类词是模糊的，难以量化的。一个好的目标，往往需要有数字作为标准。比如目标可以定为"读《认知心理学》一书的前两个章节"。

3.可以达到的（Attainable）

目标是要可以达到的。比如前面那个"二十一天读十本书"的目标，如果你之前从来没有阅读的习惯，那么这个目标就是不可达到的，很难实现。但是有些人有速读的习惯，二十一天读十本书对他们来说，就是可以达到的目标了。每个人的目标要根据自身实际情况进行调整，别人的目标未必适合你。

4.与其他目标具有一定相关性的（Relevant）

这一次的目标要与其他目标相关。具体来讲，就是我们用"SMART"原则制定的目标往往都是细小的、可执行性非常强的，但它并非终极目标。比如说读书，你的最终愿望肯定不是每天阅读几十页，也不是读完手上的书，而是通过读书提升自我。当你有了这样一个大目标，就可以把它拆解为多个小目标，这些小目标之间应该是相关的。

再比如，我在第一年做自媒体工作的时候，给自己定的一个大目标是拓展读书写作领域。如此空泛的大目标肯定没有办法执行，那么就要先细化到一些具体的小目标，比如每天花半小时研究十位读书博主的推文、每周读一本书、每周写一篇拆书稿等。

5.有时限的（Time-bound）

目标要有时间限制。比如要求自己二十一天读完《积极心理学》和《社会心理学》两本书，每天阅读两个小时并撰写两篇读书笔记等。时间限制要与现实相结合。不同类型的书，阅读难度、所需时间显然是不同的。如果你选的那本书恰好是《穷查理宝典》，可能二十一天都无法读完。

　　"SMART"原则听起来好像挺复杂的，但其实很简单。你把自己的目标讲给别人听，问问对方清不清楚你具体要做什么就好了。比如你对朋友说"我要提高思维能力"，对方肯定一头雾水，但是如果你说"我每天要读《如何阅读一本书》中三十页的内容并且通过思维导图记笔记"，那他一定能听懂你要做什么。

　　每年定下新一年的目标之后，我会把这个目标拆解到每个季度、每个月，等到实际执行的时候再拆解为符合"SMART"原则的小目标，并且我会对自己的目标进行阶段性复盘。复盘可以帮助自己很好地掌握之前的完成情况，做到心中有数。

　　为什么不一次性全都拆成小目标呢？因为人是在成长的，小目标也是在动态变化的。刚开始背单词的时候，你可能一天只能记住八十个，但是三个月以后一天可能会记住两百个了。如果你一开始定的小目标是一天记一百二十个单词，那么实际上是前期过于困难，后期过于简单。

　　我的建议是，在每个周末定下自己下一周的小目标，然后进行动态迭代。一开始定目标的时候，你可能并不能准确评估自己做一件事需要多长时间，会出现有限时间内做不完，或者做完了还有很多时间没事干的情况，随后你就要根据自己的实际情况进行及时调整。

制订行动计划

有了目标，接下来要根据目标制订行动计划。好的目标是成功的一半，但只说不做只能是语言上的巨人。提到制订行动计划，一个常见的误区就是"决心泛滥"。想要真正让行动落到实处，你需要参照之前的目标制订行动计划，具体可以参考以下几个方面：

（1）行动本身是否可以拉近现状与目标的距离？

（2）具体行动步骤是什么？

（3）在哪里？何时开始？频度如何？

（4）制订的行动计划应当是可控的，行动计划都是自己能做到的吗？

（5）能量化行动完成的程度吗？

（6）行动够显性化吗？

如果你的行动和目标南辕北辙，那么行动本身没有任何意义。具体到执行环节，你需要细化每一个步骤。判断自己采取的行动是否合理，最简单的办法就是讲给朋友听，让局外人帮助你判断自己的行动计划是否可行。同时行动计划要写出说明书式的效果，能让自己看了就明白如何去做。

如何养成长期的专注力

有了一个个小目标，我们需要长期的专注力才能够把它们实现。我曾经读过一本名为《"错误"的行为》的书。书中讲了一件有趣的事情：美国的希腊峰滑雪场一度因为财政困境濒临倒闭。面对这样棘手的问题，作者作为顾问提出了一种解决方案——涨价，然后销售套票，购买价值十次门票的套票可以打六折。这样的营销策略听起来是不是有点像"赔本买卖"？然而现实恰恰相反，因为大多数购买套票的人，根本不会来滑雪场消费十次，有些甚至只会来两到三次——但他们已经交了十次门票的钱了。

打折套票是一种促销行为。人们出于"爱占便宜"的天性，觉得购买套票比单买门票便宜许多，于是产生了强烈的消费意愿。但是等到实际消费的时候，却因为种种因素不能使用完套票的次数，甚至去过一次之后就不再去。而滑雪场却因为这个绝妙的策略转亏为盈。

这样的营销策略充斥在我们身边。想一想我们自己很少使用的健身卡，是不是白白地浪费了很多钱？营销策略的成功正是与每一个人的自控力有关。每一个人的自控力和肌肉一样，拉伸程度是有限的。过度消耗意志力的结果可能会导致自控力水平的下降，最后在其他事情上放纵自己。

任何坚持不下去的计划都会导致我们陷入自我怀疑的困境中。其实，我们只是没有用科学的方法养成新习惯。意志力是有限的，我们不能妄想一步登天。养成新习惯从来都不是让人舒服的过程。如果这种不适感过于强烈，就会让人想放弃。若是不适感尚可忍耐，那这样的环境最适合帮助你养成自己的新习惯以及长期的专注力。

同时，永远不要高估自己的意志力。优秀的习惯需要一个一个来养成，不可急于求成。当你想瞄准新的目标时，回看一下自己之前的目标是否已经完成。

有些人对生活存在着很多美好的憧憬，如果你什么都想做，却又不知如何开始，那么你就要思考一个问题：我究竟想要达到怎样的目标？我是盲目地跟从别人，还是发自内心地想要自己变得更优秀？

我们需要想清楚这些问题，然后学会舍弃，找出最重要的事情去完成——这里最重要的事情指的可能是对你未来职业发展最有利的事情，也可能是能够解决你当下最紧迫的问题的事情，或者是你最热爱、最想要学习的事情。当你锁定好一个目标以后，就要把其他的事情通通拉入不重要的清单里，直到下一次规划目标的时候，再把它们摆出来重新评估其重要性。记住，只有足够重要的事情才会被排在日程表上。

人的时间和精力是有限的，如果不能在一件事上保持长期专注而是四面开花，结果很可能是什么都做不好。当你对正在进行的事情产生犹豫时，可以进行尝试，如果发现之前在做的事情自己并不擅长，那就及时止损，然后转而专注于新的目标。

正如我常说的，努力的动力源自未被满足的需求。在采取任何行动之前，你首先要问问自己想要过什么样的生活，再通过不断的学习和进步，让能力能够匹配上自己的"野心"，而且你的目标应当符合"SMART"原则。当然，只有目标还不够，需要制订与目标环环相扣的行动计划。在执行计划时，我们每个人的意志力和专注力都是有限的。因此，需要一点一滴地去改变。

一招提高行动效率

很多人都会受到行动效率低的困扰。这里有一个方法，帮助你提高行动效率。通过这个方法，我发现自己的行动效率更上了一层楼。

"外包"大脑

每天当我们拿起手机的时候，就会有千百条来自互联网和各个软件的信息映入眼帘。可能随便打开一个软件，一转眼大半天工夫就过去了。当你放下手机，空虚感涌上心头，才会发现，原来时间已经过去了这么久。

过量的信息输入抢夺了我们的专注力，造成了巨大的内耗。于是，我们总是丢三落四，计划好一件事等到了时间又忘记自己该做什么。同时，我们也会倍感焦虑，总觉得自己的努力跟不上时代发展的节奏。

在丹尼尔·列维汀的著作《有序》中，作者把这种信息爆炸时代的迷茫与焦虑的状况称为"心智失序"。而这本书就是解决这个问题的。

《有序》一书中提到了一个重要的观点：把能"外包"的信息"外包"，让"云盘"帮你记忆。为什么很多高层管理人员都需要秘书？因为他们每天要处理的信息实在是太多了，不仅仅要批复各种各样的文件，还要开会和见客户。如果这些信息全都用大脑记忆，很容易丢三落四，一不小心就会错过重要的事情。而且我们大脑短时记忆的容量是有限的，记住这些琐事会让人感到心烦意乱，必然影响对重要事件的决策。所以，秘书会帮那些高层管理人员安排好工作、生活中的琐事，帮他们预订出差住的酒店，提醒他们几点钟要会客。这样，他们就可以专心做重要的工作了。

想想看，你在学习和工作的时候，是不是经常被各种琐事打扰？比如你刚到自习室想要看会儿书，结果室友就通过微信询问你关于课后作业的事情；你正在撰写重要的工作报告，结果同事来找你复印文件。等到他复印完，你已经忘记了自己刚刚的思路。

这些事情看起来没占用多少时间，其实消耗了你非常多的精力。它们把整块的时间切割成了细小的碎片，让你无法全情投入，行动的效率也大打折扣。

　　每个人都需要一个帮自己安排工作、生活，告诉自己今天要做什么事的秘书，也就是说，我们需要"外包"大脑。

GTD时间管理法

　　"外包"大脑的意思就是把需要脑子记住的事情让其他东西帮你记住，相当于请了一个私人秘书。那么怎样才能把琐事"外包"，腾空大脑，从而可以去做更重要的事呢？这里，我给大家介绍GTD和番茄时钟两种时间管理法，配合时间管理软件一起使用。

　　GTD是"Getting Things Done"的缩写，意义"把任务完成"。它的核心观点是在任何时候都要做到既高效又轻松。

　　我们平时感觉到焦虑，并不是因为工作量太大，而是因为大脑中想要做但是却没做的事情越来越多。往往这个时候你会为这些事情感到烦躁和焦头烂额。解决的办法就是清空大脑，把清空的东西"外包"出去。通过清空大脑，让我们的大脑用来思考，而不是用来记事。清空大脑的方法如下。

1.收集

　　第一步是建立收集清单，对大脑中所有未完成的事情进行收集。任何想法，任何可能要做的事情，一旦出现，都先记录下来。

2.存放

第二步是存放，把所有的事情都放在一个地方。GTD时间管理法的收集清单和普通的时间管理清单不同，它是完全收集所有要做但还未做的事情，无论大事还是小事，统统记在清单里。这里我通常会借助时间管理软件来完成。

3.下一步行动

此时你存有很多烦琐的事情，需要把这些事变成下一步行动。因为完成一件事往往需要很多步骤，而下一步行动就是你接下来要做的步骤。

比如说，如果"写项目报告"是你的任务，下一步行动可能会是"发邮件，准备开个简短会议""询问报告的要求"之类的事情。虽然要完成这些事项可能会有很多的步骤和行动，但是其中一定会有需要你第一个去做的事情，这样的事情就应该被记录在下一步行动的列表上。

比较好的做法就是把这些事项根据被完成的"情境"整理分类，例如"在办公室""用电话""在商场"等。然后你可以把这些事情再分成哪些是必须要做的，哪些是可以不做的；哪些是必须要由本人完成的，哪些是可以由他人代办的。你要给必须要做的任务一个期限，把它们写在你的清单里。

4．回顾

回顾，就是每隔一段时间，你需要反思自己的工作和生活，查漏补缺。每完成一件事，你就去看一眼时间管理清单，知道自己下一件事该做什么。每天结束的时候，你可以对这一天的工作内容进行反思总结，看看哪里的效率可以提升，哪些任务自己明明完成不了却安排了。这样你就会对自己完成任务的能力有一个系统的评估。等到下一次制订计划的时候，你就能做出相应的动态调整。

时间管理软件

GTD时间管理法是原理，而时间管理软件是帮助使用GTD时间管理法的有效工具。比如我负责好几个工作项目，同时也有我私人的事情，我就把它们通过时间管理软件分别建在不同的项目组中。每个项目又可以根据不同业务类型建立子模块。在第一步的收集过程中，我们已经把所有的事都收集起来了，这时候再经过项目、子模块两次分类，就能做到不重不漏。然后在时间管理软件的工作列表里，就可以看到自己当天要完成的所有事情了。

随着管理的项目越来越多，我需要打交道的人也变得越来越多，每天都被一大堆信息轰炸。这个时候，时间管理软件的优越性就体现出来了。把所有事情"外包"以后，我的焦虑感也会降低。自从我开始不完全依靠大脑记事后，工作状态也变得越来越专注。

记录自己的时间

记录自己的时间这种方法适合用在你还没习惯管理时间的时候使用。刚开始列清单、定计划的时候，其实你也不知道自己一天能做多少事，结果就会出现要么安排的任务太少，要么无法完成任务的情况。前者会导致你的时间白白荒废，后者会让你产生很强的挫败感。遇到这些情况都很正常。我刚开始使用时间管理软件也花了一些时间去适应。到现在有时候我还会出现任务量完不成、能力误判的情况。

一开始的时候，你可能觉得自己完成某个任务只需要两个小时，就又给自己加了额外的两个任务，结果第一项任务做了整整八个小时才完成。这时候你就需要记录时间了。你可以用手机便签记下自己从早上起床到晚上睡觉期间每一分钟是怎么度过的，每一段时间都做了什么事情。通过这一过程，你就能够发现自己的时间浪费在哪里。

当你坚持用这种方法实践一段时间后，就会发现自己的做事效率越来越高了。你不会再为没完成任务而产生内疚感，因为你已经清晰地知道自己做每件事要花多长时间，每天有限的时间可以完成几件事。到最后你可以精确地、高质量地完成清单上的所有任务。

番茄时钟法

简单来说，番茄时钟法就是你准备好一个闹钟，定好25分钟的时间。然后在这25分钟里，你不回邮件、不回信息、不和别人聊天、不玩手机，专心致志地去做一件事。在这个过程中你什么都不想，仅仅专注于眼前的事。等到25分钟一到，你就休息5分钟，然后再开始下一次专心工作。

而经过我改良的进阶版番茄时钟法，就是把番茄时钟法和GTD时间管理法结合使用。在GTD时间管理法中，你已经知道了自己今天必须要完成的任务，然后预估每个任务要花的番茄钟时间，以25分钟的番茄钟作为时间单位进行统计。

以番茄钟作为时间单位有两个好处：一是把大任务拆解为番茄钟，这样就成了一些小任务，可以有效缓解任务堆积带来的焦虑感；二是以一个标准的番茄钟计时，能建立起完成一个任务所花费的时间概念，也能让你对自己的能力有一个系统性的评估。

番茄时钟法着重强调要保证在25分钟的时间内专注做同一件事情。这个时候你要给自己断网，排除任何外界干扰，然后戴上降噪耳机，让自己进入一个无人打扰的专注世界。

　　但需要注意的是，我们平常除了一些简单的、轻松的任务之外，还要做一些较为复杂的工作。就拿我来说，读书是一个比较轻松的工作，但写文章、写项目计划书、写月报、带团队复盘等工作都很复杂。如果我写完文章接着写月报，将两个复杂的任务安排在一起，可能哪一项任务完成的质量都不会很高。为了让每一件事都能够做得比较好，我就会选择在复杂工作之后安排一些其他简单的工作。

　　真正能够提高效率的番茄时钟法，不仅仅是简单的"每工作25分钟休息5分钟"的执行步骤，还要配合GTD时间管理法的工作规划，将复杂工作和简单工作交替进行，才能够达成最好的效果。

总是因为害怕失败而不敢行动

生活中总有这样口是心非的人。他们计划好了要做一件事，却不敢告诉别人，害怕万一自己失败了，会被周围的人嘲笑。

这一类人心里所想的和行为表现出来的不一样，每天都处在自我矛盾之中。由于人的时间和精力是有限的，过度的内耗必然会导致精力不足，往往会出现虚度光阴的情况。

为什么有些人宁可自我矛盾也不敢迈出第一步呢？归根到底，他们是害怕失败。不行动的最坏结果就是和现在一样，一旦失败了，就相当于印证了自己能力的不足。

害怕失败而不去行动，其实是因为这些人不自信。如果你是这样的人，那你对自己价值的认可其实是来源于别人对你的评价。你并不知道自己的价值在哪里。就拿提升自我来说，其实你并不是想要提升自我，而是为了享受提升自我带来的收益。当你看到别人通过提升自我增加了名气与财富而受到万人瞩目后，你自然希望那个人会是自己。但你并不在意成长本身，而是在意外界的看法。

但如果自我评价过度依赖于他人，你会面临一个棘手的问题——世界上不可能100％的人都认同你。一旦有一个人质疑你，否定你，你就会对其他的赞同声视而不见，并且陷入自我怀疑之中。

一个人自信的建立分为三个阶段。

第一阶段叫"他证"。字面意思就是，你的自信要由别人证明。别人认可你，你就觉得自己做的是对的，对自己有信心；别人不认可你，你就认为自己存在问题。90％的人一生都生活在"他证"这个阶段：你想要辞职，却因为别人告诉你辞职之后不好找工作而放弃；你想要学习，却因为室友的出言相讥而放弃；你想要创业，却因为家人告诉你失败的后果而放弃。

第二个阶段叫"自证"。意思就是做任何事情你都能够以自己的态度为出发点。别人怎么看不重要，你只做自己认为正确的事。你认为应该这样做，就算别人不认可你，你也会坚持自己的态度。

第三阶段叫"无证"。到达这个阶段的人，已经不需要证明自己了，别人的评价或者自己的评价都没那么重要，去做就好了，事实比什么都重要。

这三个阶段，循序渐进，无法跳跃。你没办法跳过"他证"直接到"自证"阶段，没有人生下来就处在"自证"或者"无证"

阶段。把这些问题逐步都解决了，就像清除前进道路上的荆棘一样，我们才能走得更稳、更快。

这里有一些建立自信的好办法分享给大家。

以前我只接纳自己的优秀面，而一直不接纳自己消极的另一面。但是消极总是存在的，因此我的情绪波动很大，身体也经常生病。

为什么我一直不接纳自己消极的一面呢？因为我觉得消极是不好的，负面情绪是不好的。我需要通过理性来管理它们。但是后来我想明白了，如果一个人对外展示的始终是阳光的一面，那么负能量一定会在更深层次的地方伤害自己，这样，情况更糟糕。

所以当我面对负能量的对话时，我会大胆选择拒绝。我也会允许自己出现失败的情况。我觉得任何一个人都是从没有经验开始的，不必为此感到恐慌。当你习惯性地想说出"我不行"的时候，请把它改成"我可以学"。

我们总害怕失败，但其实失败没有什么大不了的。总有人在看到别人努力的时候习惯否定别人。但这些喜欢否定别人的人经验往往还不如被他们否定的人。只有富有经验的人的建议对我们来说才有价值。

最后总结一下，如果你总是因为害怕失败而不敢行动，通常是因为你不够自信。不够自信是因为你还在"他证"阶段，过于在意别人的观点。想要建立自信，有三种有效方式：

（1）接纳不完美的自己。包括不完美的性格、心态，或者不能好好做事。

（2）接受最坏的打算。往往最坏的打算也没那么糟糕。

（3）不要听信别人否定你的话。通常否定你的人的话没有说服力。

第 五 章

职 场 指 南

突破"社恐"去面试

　　我们在从事一项工作以前，最重要的是在求职时通过面试。很多人都会遇到诸如"性格内向，不敢去参加面试""一在很多人面前讲话就紧张"之类的问题。我在这里将现身说法，帮助大家克服"社恐"，让大家在面试中表现出自己最好的一面。

　　如果说写作是我的特长的话，那么社交能力就是我的短板。作为一位资深"社恐"患者，"不敢说话"这件事对我的生活产生了很大的影响。上大学的时候，因为不爱讲话，我在大四找工作的时候可是吃了不少苦头。找工作的我只能应对各种笔试，但是一遇到各种考查综合能力的面试我就会表现很差。哪怕工作以后，领导让我给其他部门的同事打电话，我也会做很长时间的心理斗争。有的时候因为不爱说话，我还和同事之间产生了一些不愉快的摩擦，这让我更加不敢说话了。

　　除了偶尔必要的社交，我尽可能规避一切需要当面讲话的机会。有的时候遇到不得不出面的情况，我总是会选择临阵脱逃。

但既然是自己的短板，我就不能一直躲着它。

曾经我的语言表达能力很差。每次面试我都很难做到给面试官留下深刻的印象，就连自信、流利地讲清楚自己的想法都做不到。

我面临的最严重的问题就是不敢开口讲话。其实，我许多次萌生过提高自己语言表达能力的念头，因此，无论是网课还是读书，我都会去努力学习。

每一次老师讲课我都听得十分认真，也用心做笔记，可是一到要开口的时候就退缩了。尽管我报了很多课程，但是我的表达能力还是原地踏步。因为怕自己说错，我在讲话之前，必须要把事先想好的内容都写下来，照着念才行。于是我又产生了第二个问题——面对事先准备好的内容，即使我背得很熟练，但听起来却很生硬和不自然。我对着镜子练，研究自己的录音，可这个问题始终没有得到解决。

一个擅长面试的朋友帮助了我。他帮助我的第一件事情就是让我自己给面试老师"画画像"，明白面试老师是一个什么样子的人。要在一众人中脱颖而出，最重要的不是罗列自己的优点，而是要找到能够打动面试官的要点，能让面试官记住自己，并且展现出一些面试官感兴趣的特质，给他留下深刻的印象。当面试官记住了我们，我们再用有说服力的成果和履历让面试官认可我们的能力。

还有一个十分重要的因素就是气场。在我模拟面试的过程中，帮助我面试的朋友总认为我太像一个初出茅庐的大学生。这个对于面试者来说并不是一件好事。企业想招收的往往是能解决问题的精英，而不是看起来什么都不懂的新人。

我在接下来练习的过程中一直在反复给自己植入两个信念，第一个是"我说的都对"，第二个是"我们只是在聊天"。当我感觉不自信的时候，或者是在面试练习中出错的时候，我就会深吸一口气，然后对自己说："我说的都对。"事实证明这种自我鼓励的行为是非常有效的。

曾经，我在读自己为面试准备的文字材料时，就好像在讲述别人的故事，和我毫无关系。我的一个朋友帮我找到了这个问题的症结——讲话和书写的表达方式本来是不同的。

举个例子，比如说我当时的自我介绍，结构是这样的：

我叫×××，本科就读于××大学，在校期间申请了两个实用新型专利、获得了一个国家级二等奖。毕业后进入××公司工作，负责省公司的采购安排。公司主营业务是……，公司过去一年的营业额为××万元，增长率超过100%。合作的客户有××、××等知名公司。我之所以想要申请这一职位，主要是因为……。

这一段文字如果你直接阅读的话，会觉得它结构清晰，也有突出成果的数字和标识。但是有一个问题，那就是这段话说起来和看起来的感觉是完全不同的。说起来感觉像是在讲述一个别人的事，而不是自我介绍。

于是在朋友的建议下，我删掉了其中大部分的数字，改变了叙事方式，完全以讲故事的形式呈现它，并且多次运用了"下诱饵"的方法，主动"诱导"面试官提问。

调整之后，文字结构是这样的：

我目前的身份是一名××，就职于××公司，同时也是一个拥有全网××粉丝的网络博主。其实，我本科专业是××，毕业后进入××公司工作。而后我选择在自己的工作上做出改变。之所以有这个想法，是因为……。在业余时间我还会做……。相信您平时一定关注……，对于这一点我的看法是……。

乍一看第二种表达方式废话较多，但是我们试着说一遍而不是看一遍，就能明显感觉到二者的区别。第二个版本听起来更容易打动人，而且有故事性。

前面提到的那种奇怪的生硬感并不是因为讲话时语音语调的问题，而是因为它本身就是一种偏向于书面化的表达方式，和语言表达是有一些差别的。如果用讲话而不是书面的方式来表达，这种生硬感自然就会消失。

除了注意表达方式，我们还要迁移已有的知识，形成自己的风格。我仔细研究过，发现讲话和写作在底层逻辑上其实是相通的。归根到底都是产品思维（关注你的用户、文章读者或者面试官更容易接受的内容）加上结构化思维。这两种思维方式我运用起来是比较熟练的，关键在于一些细节。例如文字通过情境代入而说话通过故事代入，我们只需要记住这些差别就可以了。

在不断练习面试的过程中，我逐渐学会了让别人产生信任感的说话技巧，不再胆怯，也不再讲得生硬，并且逐渐形成了自己的风格，能做到以情动人。

一次充分的面试准备就是在表达方式上进行大调整。

我通过练习面试，身上的"社恐"标签也逐渐消失。我开始主动走出家门去社交，参加一些线下活动，并且在工作上真正地面对面去拓展一些客户。从撕掉"社恐"标签开始，我感觉到我从心理上真正成了一个"大人"。

最后总结一下：

（1）关于提升语言表达能力，心理暗示特别重要。

我之前一直给自己贴"社恐"的标签，导致我长期不敢与人面对面说话。后来我不停地告诉自己"我说的都对"之后，这种胆怯感才消失。我觉得心理暗示是自信发挥的基础。如果你有在演讲时紧张的情况，可以试一下给自己正面的心理暗示。

（2）面对面试官进行有针对性的表达。

建立用户画像、切换表达方式的方法可以说是帮我打开了新世界，彻底摆脱了讲话的生硬感。相信你通过有针对性的刻意练习，可以在表达能力上迈出历史性的一步。

工作经验宝典

这里我把自己认为最重要的九条工作经验介绍给大家，可以说，每一条都是我通过亲身经历总结的。我曾是一家小型广告公司的创始人。工作上我主要负责商务洽谈和相关内容确认，也会经常和客户沟通，以及对业务上相关文字内容的质量进行审核。下面就是我的九条工作经验。

1.不要代替领导或甲方做决定

这是最重要的一条建议。我刚刚开始工作的时候，还活在自己的世界里，心气特别高。客户对方案有意见，我会认为他的意见不合理，我只觉得我的想法才是正确的。然而工作的成果往往不符合客户的诉求，只能推倒重来。

也许领导或甲方在某个领域没有我们专业，我们可以适当地提供建议，但千万不能代替对方做决定，因为对方可能恰恰很在意这一点。有时候我们怕麻烦对方，擅自做主了，最后导致的后果还得由我们自己承担。所以，千万别好心办坏事。

2.表达一切内容都要站在对方的角度

相信很多人都觉得自己的老板或甲方不可理喻，仿佛他们就是为了提出各种不合理要求而存在的，如果不是为了工资，自己并不会听从他们的意见。这样想是正常的，我也经历过这样的阶段。那时的自己常常不开心。

后来我想明白了，他们只是没有那么了解专业领域的知识罢了。比如说，我们团队在一个相对小众的平台推广业务，效果主要体现在积累上，而且不适合硬植入广告。客户之前没有在这个平台做过推广，就会习惯性地用在其他平台做推广的效果来进行比较，而且会提出很不合理的要求。类似的，领导有时也会提出一些在我们看来觉得不可理喻的建议。我们常常不明白为什么他们会有这样的想法。

后来我自己创业带团队，我的员工也悄悄和我反馈过，有时候他们不大理解我让他们做某些事的目的是什么。有的时候一篇文章经过反复修改，最后成品还是定在了初稿。这时候员工们心里就会觉得他们本来就是对的，而我只是在挑刺。

其实，换位思考一下，这个问题就很好解决了。每个人看待问题的角度和看重的内容不同。我们只要向下多挖一层，找到客户或老板关心的那些要点，达到这些要求就好。

比如说，当客户质疑浏览量的时候，其实他关注的并不是浏览量，而是这个方案的传播效果。与我们沟通的人员也是客户公司的业务人员，同样有绩效考核，他们需要参考传播效果来写周报向老板汇报。面对这种情况，我们可以通过其他数据告诉他方案效果如何。例如，我会先坦诚地告诉对方问题出现的原因，并且把我们的成果尽可能地展示给对方。

和客户或领导沟通的时候，我们要表达出"我知道你真正关心的事，并且在努力做好你关心的事"的态度，一切都要站在对方的角度考虑。这样合作起来才比较顺利。

3.执行之前要先确认需求和标准

有的时候，我们通宵完成的工作却招来客户的嫌弃，所有努力都得不到肯定。造成这些问题的根本原因是：你以为你了解对方的意图，对方也以为你了解了，其实则不然。

为了避免这个问题，我们应该养成一个好的工作习惯：先确认标准，然后再执行。比如说做PPT，可以先做二到三页的内容拿给客户看，判断一下当前风格和样式是否符合客户的期望，在确认之后再继续做。只有确认好标准，我们才能避免做无用功。

4.找到对方真正的需求

在从事创意类的工作时，解决方案往往不是唯一的。于是我们经常会面临一种选择：是选择中规中矩的方案，还是选择冷门但是有可能出彩的方案呢？

这个需要我们去和客户或领导沟通究竟是稳定还是出彩更重要，要去挖客户的深层次需求。

5.不要把问题留给老板和客户

我们在完成一项工作的过程中，总是会遇到各种各样的困难。有一些出自客观的原因，导致客户或老板的要求的确没办法实现。比如说客户要求在标题中植入广告，但这样平台就会停止推广不给作品曝光。这是无法调和的矛盾。

我们不能在遇到一个难题的时候，把这个难题抛给对方，告诉他们这样的问题不在我们的解决能力范围内。如果我们解决不了，老板或客户就会去找能解决问题的人，而我们也就失去了存在的意义。特别是客户存在很多供应商的时候，如果他们总是在我们团队这边遇到解决不了的问题，久而久之必然会去找其他供应商。

正确的做法是，我们在抛出一个问题的同时也要给出解决方案。比如说，没有办法在标题中植入推广信息，我会说服客户把广告植入放在文章的前五十个字中，这样在摘要里也可以起到传播效果。总之，我们不能把问题留给老板和客户，要给出备选方案。

6.要特别注意细节

小细节的错误会给人留下非常不好的印象，特别是当你面对的是一个很忙的老板或客户的时候。对此我自己也深有体会。有的时候客户反馈了多个修改点，而我的员工却只修改了其中的几个。虽然我表面上会心平气和，而实际上却无比生气。

7.严格按照约定的时间完成任务，如果完成不了要提前说

有时候我们会高估自己完成一项工作所需的时间，以为自己一会儿就能完成，可实际执行的时候发现难度要比预想的大得多。

工作难导致不能按时完成是正常的，我们至少要提前把情况告诉给布置任务的人。这样至少不会耽误任务的整体进度。

8.养成一些好的工作习惯

比如说，我们要能熟练使用各种工具，能用工具来记绝不用脑子记，到使用的时候再查阅，这样不容易出错。无论我在哪里工作，都会面临同时处理多个任务的情形，靠脑子记忆很容易出现偏差。于是我会详细记录每个项目的名称、组别、负责人、所

属群，回消息也会仔细检查。

对工作文件进行统一格式的命名也是个好习惯。这样我们的工作成果方便他人查阅。

9.让对方省心，自己也会省心

前面说的那些工作上的好习惯，并不是说我们要一味地听从别人。

良好的工作习惯能够带来顺利的工作过程。别人省心，自己工作也省心。当我们给客户留下好印象后，他们也会把其他合作伙伴的业务介绍给我们。

初入职场如何助力未来

我曾在大公司工作过，后来自己也成了创业者。所以这里我想站在在职人员和用工单位的共同视角上来跟大家聊一聊关于初入职场如何助力未来的话题。

很多人在实习或刚开始工作时，觉得工作和自己预期差别非常大。本来大家怀着满腔热情来上班，结果发现领导安排的工作和自己预想的不一样，自己一身才华没得到重用，因此非常难过。不仅如此，工作几年之后，同期入职的同事纷纷升职加薪做起了项目负责人，带起小团队，而自己却还停在原地止步不前。同事工作上的成果有目共睹，但问题是，老板从来不给自己安排那些可以出成果的工作。

其实，这种现象在毕业一到二年的职场员工中十分常见，甚至有些同学工作三到四年了依然面临这种情况。许多人在职场中想成为职场精英，却发现自己努力了并没有收获，依旧在平庸中徘徊。这可能是因为你没有做到用创意工作代替日常工作，而且没有实现自我品牌营销。

我认识的大部分人都是勤奋且认真努力的。他们之中有的人是学生时代的佼佼者；有的虽然没有名校背景，却有着一颗上进的心。为了给自己"充电"，他们买了许多职场必读、成功法则之类的书籍，也参加了各种培训，甚至积极参加各种证书的考试。他们希望通过各种方式来取得进步，迫切地希望早日走上人生巅峰。但是，他们之中能够真正被称为职场精英的却寥寥无几。对于大部分人来说，不管看了多少书，听了多少振奋人心的讲座，他们总是在原地踏步。

为什么我们在真正要去改变自己的时候却失去动力了呢？我认为原因有两个：一是不知道方法；二是没有做出改变的时间。

很多职场书籍与讲座，通常都用很大篇幅来讲述成功人士的奋斗过程，讲述他们曾经是多么艰苦，现在又是现在多么辉煌，最后再告诉你只要相信自己的梦想，你也有可能成功。

也许你会因为别人的成功而十分激动，但是很遗憾，别人的成功是难以复制的。就算你知道了他的成功方法，你也无法在同样的时间、同样的地点面对同样的机遇，无法遇到他人生中的那些"贵人"。他的成功终究是他的成功，而你一觉醒来还是曾经的自己。你必须去上班，日复一日地像以前一样地工作。在忙碌的日常工作中，你会没有时间停下来思考，也没有时间做出新的努力，而且并不是所有的改变都能通过努力实现。我不是说努力不重要，而是说只有努力是远远不够的。我将从两个方面告诉你除了努力之外，还需要做什么才能成为职场精英。

以创意工作代替日常工作

事实上，任何性质的工作都可以被归类为以下两种——创意工作与日常工作。在工作过程中，成果与评价是正反馈关系。先说日常工作，如果你只是日复一日地完成重复工作，即使你完成得很好，遵守期限也很少出错，但许多年过去，你依然会被安排去做重复的日常工作。如果你有幸得到一次创意工作的机会，超出预期地完成了工作并且成果得到了好评，上司就会乐意地把下一次创意工作的机会交给你。

创意工作

- ○ 时间期限宽松
- ○ 需要思考
- ○ 容易反映工作者的个性
- ○ 容易借鉴和发挥别人的智慧
- ○ 有价值，完成过程中感到快乐
- ○ 能充分发挥自己的能力
- ○ 周围的人期待且关注
- ○ 能取得优秀成果
- ○ 失败了也容易得到谅解
- ○ 下一次创意工作也交给你

日常工作

- ○ 时间期限紧张
- ○ 不需要思考
- ○ 谁做都一样
- ○ 没兴趣对别人提起（得不到建议）
- ○ 完成过程中不开心
- ○ 觉得自己大材小用
- ○ 因不重要，所以没人注意
- ○ 成果难以差别化
- ○ 因为不难，所以做错就会被批评
- ○ 下一次接着做日常工作

聪明的人取得成功，不仅仅是因为他们聪明，还因为他们会观察那些比自己更早取得优秀成果的人，并学习这些人的优点。而那些被夸赞思维活跃的人，往往是因为他们参与的是富有创意的工作。但生活中我们接触到的大部分工作都是日常工作，而且几乎所有的日常工作中都存在着遗留已久又无人处理的问题。如果你能优化这些日常工作，就有可能获得证明自己实力的机会。

《"升职超人"教你旋风成长法则》的作者福井克明讲过两个发生在他身上使日常工作不再是日常工作的例子：公司老板把统计电话费的工作交给当时入职不久的福井克明来做。他一边完成自己负责的固定资产管理工作，一边利用少量空余的时间对公司的电话费进行计算，并且给各分公司打电话交涉，最后使公司的电话开支大幅下降——每年因此削减了 500 万日元的花费。此外，当老板安排他做会议记录时，福井克明会根据会议话题制作附录。比如会议中讨论到今年的招聘情况，他就会在会议记录上加上"今年企业招聘冷淡"的有关报道作为补充附件。

从上面这两个例子我们可以看出，上司只是安排福井克明统计电话费，但是他却节省了公司的成本。上司让员工做一下会议记录，大部分人在做会议记录的时候都会把与会者的讨论原封不动地记录下来，但是福井克明却能为上司提供关于会议话题的额外信息。

凡是上司命令你做的工作都属于日常工作。而之所以你能从日常工作中获得好评，是因为你找到了日常工作中需要改善的地方。所以，每当你接到工作任务的时候，先问问自己："我要怎样做才能在这份日常工作中展现自己的实力？"养成这种习惯，你所做的日常工作总有一天会取得令人惊叹的成果。要想在日常工作中展现自己的实力，取得令人惊叹的成果，你应该具备以下九种思考模式。

1.推测委托者的期待值

只有当你的工作结果大幅度超出对方事前的预期时，才会对于你个人品牌价值的提高起到作用。比如说，领导让你做一份报表，本来要求你做完的时间是三天，结果你只用了一天就把成果交给他了，这种就属于超出预期的行为。再比如说，领导让你做一份调研报告，你不但调研了他要求的数据，还记录更多他可能关心但没有要求的数据附在报告里。这种工作成果就非常能增加领导对你的好感。

2.调查委托者关心的内容

比如说，领导让你写一份会议纪要，如果你只是把自己当成一个速记员，记录下会议内容的话，你的会议纪要在领导眼里不过是一份平庸的工作成果。但是，如果你仔细思考一下领导让你做会议纪要的原因，思考一下会议中提及的那些订单或者数据的出处，思考一下会议中引用的内容以及源头，把这些额外信息作为会议纪要的附件添加在会议本身内容的后面，对于领导来说，这样的成果会让他认为你是一个有能力的人，让他认为你在关注他所关注的事情，自然你也会得到更多人的认可。

3.想象工作成果的使用者和使用场景

无论是哪种工作成果，肯定会有应用的时候。请你思考一下，你工作成果的使用者会是谁？他又是在什么情况下使用你的工作成果呢？如果站在他的角度思考并完成工作，你肯定会做得更好。比如说，财务让你做一张报表，但他只告诉你他要的内容，并没有告诉你报表的格式。如果你提前询问他这张报表的使用背景，从而在设计报表格式的时候让它更符合使用者的习惯，让使用者使用起来更方便，那么你在工作上一定能得到其他人的夸赞。

4.想象接任者和竞争对手的行动

如果把你现在的工作移交给别的同事，他会不会因为接替了你的工作而产生烦恼？请你想象一下，如果你是自己负责工作的接任者，你会发现这项工作有哪些问题，需要怎样改进？你也要想象一下工作上的竞争对手完美完成该工作时会做成什么样子。在工作中，我的团队也会去研究同一客户的其他供应商是怎么做的，研究类似的商业案例竞争对手是如何执行的，还有哪些不够完善的地方。通过这种对比，可以帮助自己更好地优化工作成果。

5.关注公司的六个目的

公司的六个目的，即实现理念、追求利润、提高客户满意度、提高员工满意度、培养人才以及建立一个能让以上成果重复的体系。请你思考一下，能不能通过自己在工作上的改进，为其中的一个目的做些贡献呢？如果领导发现你正在关注他所关注的问题，并且你正在为解决这些问题而与他共同努力，他也会乐意给你更多的职权来帮他解决问题。

6.把惊喜放在心上

当我们找不到日常工作上可以改进的地方时，要去考虑速度、方便和附录三个要素。比如说要求你一周内完成的工作，你要在更短的时间内完成；比如说其他部门拿到你制作的月报模板，无须改动就能直接使用。这些惊喜能让你的领导对你刮目相看。

7.通过数据化和分析，发现原本看不见的问题

建议你在工作之余学习一下数据分析。业绩、指标、订单、

成本等很多内容都是可以用数据量化的。如果你只是把它们当成数字的话，可能无法体现它们更多有用的价值。但如果你深入分析这些数字中的规律，你可能会发现工作上不少可以优化的地方。

8.明确努力的方向

当领导给你指派紧急任务时，需要的是你尽快完成。如果你在这种紧急任务上花费时间思考优化创新，免不了会受到领导的批评。就拿我公司的业务来说，我们的工作是为一些大企业做品牌营销。每次我都会非常明确地和负责的员工说明在这个项目中究竟是时间权重更高还是内容质量权重更高。一些追随热点的项目需要按时上线，如果错过了时间就会失去营销的价值。所以我们要在工作中明确自己努力的方向。

9.自己确定好期限

为手上的日常工作寻找改革点，是需要时间来完成的。所以你要确定好完成日常工作改革所需要的时间，并保证日常工作能够按照要求期限完成。

正如之前所说，你并不需要一辈子都比别人更加努力。你只需要在改革日常工作方面稍微多花一些精力，就能在未来的事业上更加轻松、更加快乐。

实现自我品牌营销

以创意工作替代日常工作的结果，就是在提高自身的品牌价值。这会在你的职场中产生马太效应。当有一份创意工作需要人来完成的时候，你的上司首先会想到你，而你的同事也会对你有更高的评价，即使在工作上犯了错误也更容易得到谅解。

无论什么样的工作成果，终归要交付到人的手中。因此，在做工作的时候，我们要让自己的成果更加符合对方的期望。我们在委托工作时，也要清晰地传达自己的要求，确保对方理解了你的意图。

无论是学历还是证书，都是帮助我们提升个人品牌价值的一种方式。但我认为工作成果才是展示个人品牌价值的最好途径。

请记住，任何评价和回报都是需要时间的，所以就算你没有马上获得工作上的认同或者进步，也请不要着急。

我们在工作上的努力说到底还是为了提高个人品牌价值。如果我们为了得到其他人的认可而刻意彰显自己，很可能会让品牌价值不增反降。所以，我们不要刻意去追求别人的评价和工作上的升迁，只需默默为未来准备，总有一天你会得到重要的职位。

最后总结一下，你初入职场，想要在未来成为职场精英，只有努力是远远不够的。你可以尝试以下方法：

（1）以创意工作代替日常工作，并通过九种思考模式让自己的工作取得令人惊叹的成果。

（2）通过好的工作成果实现自我品牌营销，在努力的过程中就算没有马上得到认可和回报也不要着急，把自己的重心放在做好本职工作上，展现自己的实力。

如何实现工作与生活的平衡

离开校园以后，我最常听到的一个词就是"心累"。高三的时候，我每天六点起床去晨读，上完课以后又会自习到晚上十二点，经过周末的休整之后就感觉不到疲惫了；但是步入社会以后，即使是作息有规律的人也很难说自己生活轻松。

我曾经有过在公司坐一整天什么都没做就很累的情况，学生也一样，如果你坐在书桌前复习，哪怕没有记住多少内容，也会感觉非常累。

时间无法操控

你能管理的只有自己。作为一名从学生时代就致力于追求效率的人，我读过很多时间管理类的书籍，也尝试把各种理论付诸实践。除了番茄时钟法这种短时间立竿见影的方法，大部分方法在我看来都没有什么效果。

我们在学习各种解决问题的办法时存在一种误区，就是执着于方法论本身。你可能连自己烦恼的根源都没找到，就急于用看到的方法去解决这些问题。最后导致你并没有发挥出这些方法的作用。

我们常常认为是因为有太多事情要做才会感到焦头烂额。其实，时间和信息并不是压力的来源。时间是无法操控的，你能管理的只有自己，决定自己采取什么行动。当时间紧迫时，主要问题就会凸显出来，如果你把自己管理得很好，时间就不会让你产生紧迫感。

你觉得疲惫的原因不是接收的信息多，而是这些信息你没有处理，它们都堆在大脑里。你想着"等等就去做"，当你打算去做的时候，就像从一堆杂乱的文件中寻找你需要的那份文件，得先把桌上所有东西都翻一遍才能找到。

生活与工作不用平衡

工作和生活互相排斥的看法本身就是错误的。当你忘我地沉浸在手头事务中的时候，其实根本不会精确计算哪些时间是用于工作，哪些时间是用于生活。不管你写报告还是娱乐，都可以处于高效的状态。

但是，如果你回到家还在想公司的事，在公司却对生活中的事念念不忘，你就会陷入疲于应付、三心二意的状态。注意力分散会损耗你的精力。

有一段时间，当工作事务随时都可能找上自己的时候，我在家里根本无法放松下来。后来我开始试着场景分离，就是做一件事的时候，什么都不去想，并且把工作时间和生活时间进行切割。经常跟我打交道的客户和工作伙伴后来都习惯在工作时间联系我。

因为各个场景都不会互相干扰，每件事都是在专注状态下完成的，所以我就不会再感到疲于应付了。工作和生活究竟如何切割，要根据每个人的具体情况。关键是我们不能把工作时间和生活时间混淆。我们要消除一切造成精力分散的原因，把每件事都全情投入去完成。

全情投入的五个步骤

那么怎样才能做到全情投入地工作，又全情投入地生活呢？这里有一个方法能帮助你让自己的工作和生活变得轻松且高效。这个方法有五个步骤：捕捉、明确意义、组织整理、回顾和执行。

1.捕捉

我们觉得累，往往不是因为接收的信息太多，而是因为这些信息与自己的关联太多了。当你把用来复习的书放在桌子上准备一会儿去看时，当你把等待签字的文件放在文件筐里想着一会儿去处理时，当你看到微信通知准备一会儿再回复消息时，你需要记住的待办事项太多了。大脑疲于记忆会让你变得丢三落四。我们需要把这些待办事项记录到其他地方，然后从大脑中移除。

2.明确意义

接下来，我们准备处理收集起来的这些待办事项。捕捉到这些待办事项以后，我们要判断它们的存在价值，然后把它们划分为这三类：当作垃圾丢弃，保存起来以后再处理，或者另存为参考资料。如果可以处理，我们就要想清楚具体的处理措施：

（1）马上执行。如果完成这件事需要的时间不超过2分钟的话，请你立刻完成这一事项，避免它一直干扰你。

（2）委派别人去做。你需要新建一个等待清单，在别人去做这些事的时候，你可以定时追踪一下进度。

（3）延后处理。如果是需要尽快完成的行动，你就把它写到行动序列中，尽快完成。如果是需要在指定时间完成的，那你就把它写到日程表中，在规定的时间内完成。

3.组织整理

在第二个步骤中，你已经确定了这件事是不是真的对自己有意义，也判断了具体的行动措施。我们可以把上一步的结果继续分类，以便及时查看追踪。行动可以分为四大类：

（1）项目（你承诺要完成的事）。

（2）日程表（必须在指定日期或时间完成的事）。

（3）行动序列（要尽早做的事）。

（4）等待事务（应该由别人执行的项目和活动）。

行动序列中的事务并不一定要在一天之内完成，因此你可以依据场景进行进一步分类，整理成更加细致的清单。比如说：

（1）"家"清单：这份清单里面有你需要在家和在家附近完成的事，例如修理电灯、给猫铲屎、整理衣橱、陪孩子去上早教课。只要你在家，就抓紧去做这些事。

（2）"办公室"清单：这份清单列出了只有在办公室才能完成的工作，例如整理文档、打印资料、审阅长文件等。

（3）"阅读"清单：把你要阅读的资料专门放在一个地方，然后列一份方便查询的清单。只要一有空，你就照着这个清单去阅读。

根据不同场景整理出不同清单以后，你可以在该场景下按照清单行动，就不会忘记自己此时此刻应该做什么了。

4.回顾

你需要每天回顾日程表和行动清单，查看自己已经完成和尚未完成的事项。

5.执行

接下来，根据自己所在的场合、可支配的时间和精力执行之前列出的清单就好了。

最后总结一下：

（1）你觉得疲惫，其实是因为太多的琐事分散了你的注意力。

（2）生活和工作其实不需要刻意平衡，你只要别把两者混淆，分配好各自的时间并且专注于当下正在做的事情就可以了。

（3）保持专注的办法是清空大脑。为此，你需要先把所有事项记下来，然后去明确它们的意义，确定是否可行。然后，你要根据不同场景细分清单，再依据场景去完成清单上的任务。

如何高效沟通

沟通是我们在学习、工作和生活中不可缺少的技能，但不是所有人都会沟通。我将分两部分来讲一讲如何才能高效沟通。

怎样说话才能让对方接受

我在云南旅行的时候，暂住在一家旅馆。大清早，一对情侣的争吵打破了山林间原本和谐的鸟鸣声。原来这两个人仅仅是因为丢失了一根充电线的事情就争执起来，双方谁也不让谁，不依不饶地相互责怪。

日语里有一个词语叫作"成田分手"。这个词语的出处是这样的：在日本有一个叫作"成田"的机场，很多度过蜜月期的情侣或新婚夫妇旅行回来飞到成田机场后，都觉得对方不适合和自己共度余生，于是在机场直接分手。

我不知道旅馆里的那对情侣是否能一起走到最后，但我清楚他们的沟通方式一定是出了问题。从来没有毫无缘由的争吵，每一次争吵都源自日积月累的分歧，终于在一天陷入无可挽回的境地。

很多人在工作、生活中也遇到过类似的情形。比如你想要和同事讨论一个方案是否合理，最后演变成彼此间的争执；你精心设计的方案总是被客户一次次否决，想要反驳却只能忍气吞声；你和自己的对象明明爱得深沉，但是每次开口却总是伤害到对方。这些都是沟通问题带来的矛盾。

这里教大家一个方法来避免大多数沟通不畅产生的问题。这个方法就是我们要关注谈话的目的。就拿前面提到的那对情侣来讲，他们争执的焦点本来就是一根丢失的充电线，如果他们其中有一个人提议一起去再找找充电线或买一根，就不会发生后面的争吵。但是我们在沟通的时候往往会犯以下三点错误：

（1）用埋怨和不满的语气把责任都归咎到对方身上，责怪对方。

（2）觉得自己是问题的受害者。

（3）不就事论事，总是揪着以前的把柄不放。

这样沟通下来，争吵自然是不可避免的。那么，如果用关注谈话目的的方法去沟通，我们应该怎么做呢？可以试试下面的步骤。

1.开口说话之前，先问自己几个问题

需要问自己的问题如下：

（1）希望自己实现什么目标？

（2）希望对方实现什么目标？

（3）希望为我们之间的关系实现什么目标？

（4）要实现这些目标我该怎么做？

我们和处在亲密关系中的另一方发生争执，往往并不是想要吵架，而是为了表达自己的某种诉求，比如想要被对方关注，想要让对方在某件事上理解自己的想法。就好像一个女生对一个男生说："你连我的生日都记不住，你一点都不在乎我。"她其实并不仅仅想让男生记住自己的生日，更想知道自己在对方心中的位置。如果你在沟通中明确自己的目的，那么就不会出口伤人，从而与人发生争执了。

我现在的工作每天需要和形形色色的客户打交道。从专业角度来看，客户总是提出一些"无理"要求，让人感到很头疼。如果你没有理解对方的目的，而只是看到了对方的"无理"要求，那么合作就很难和和气气地完成。大家的目的都是达成商业目标，客户也并不是存心刁难，只不过每一个人看待问题的角度不同。你在与对方沟通的时候，一定要多考虑一下对方在乎的是什

么，这样就不会产生很多意见不合的争执了。

2.分享事实经过

无论你的观点是什么，一定要先描述客观事实。这些事实是你们公认发生的、没有争议的、不会引起任何一方反感的内容。

3.说出你的想法

你可以直接描述自己的观点或者感受，比如"你今天的做法让我感到伤心""我现在感到很生气""我认为这个策划方案不是特别合适""这样的方案可能并不会起到很好的宣传效果"等。切记，你要就事论事，只表达自己的感受和观点，不要带有情绪地对对方进行攻击。

4.征询对方观点

你要引导对方说出他的观点，并且中途不要打断。假如你没有听完对方的观点就开始评论，而你的评论恰好还曲解了对方的意思，那么就很容易产生误会并争吵起来。

5.做出试探性的表达

如果对方的观点是错误的，你想要表示反驳又担心会引起冲突，可以试试下面的方式：

（1）找到你们观点中的共同之处，表示赞同。

（2）找到对方的盲点，进行说明。

（3）找到双方产生分歧的地方，进行比较。

怎样说话才能提升工作效率

有一段时间，我接到了一个关于推广文案的业务。营销的推广文案是新媒体领域特别常见的一种文案，我相信自己团队里优秀的主笔一定能轻松搞定。然而事实却出乎我的预料。文案前前后后修改了三天，让我大倒苦水。

我平时接到约稿业务，客户都会非常明确地把自己需要的宣传点告诉我。但是这次的客户并没有想好自己的宣传点，只是发给我的团队一堆资料，让我们自己去挖掘。结果文案改了五六个版本，客户都不满意，不仅如此，就在我以为这项业务终于要完成的时候，客户的需求方向突然改变了，导致我们之前的所有努力都付之东流。

在工作中，每个人都会遇到无法与对方有效沟通、无法被对方理解的情况。我将分领导、客户和同事三种工作上需要沟通的不同对象来说说应该怎样沟通。

先说说如何和领导沟通，我们和领导沟通要么是接受领导布置的任务，要么是向领导汇报工作。领导在布置任务的时候，通常都会说得特别简单。比如在我之前的工作经历中，经常要开各种审查会，而我们的主任会直接让我安排一下。这个时候，如果我仅仅在微信群里发布一条所有人准备开会的通知，再打电话让有关部门布置会场的话，那准保会被领导批评。因为不是所有人都时时刻刻地盯着微信群消息，也不是所有人都知道领导对于会议室的布置要求。这些都需要我来考虑。

那为什么领导不把自己的要求详细地告诉下属呢？这里涉及一个现象，叫作"知识诅咒"。"知识诅咒"的意思是一个人一旦拥有了对某种知识的认知，就无法想象这种知识在未知者眼中的样子。与之对应的现象叫作"达克效应"，意思是无知的人并没有意识到自己的无知。

所以在领导眼中，当他布置下达一项任务的时候，心里默认完成任务的所有方法和步骤下属都是知道的，不需要他亲自解释。而在下属眼中，当实际去完成某项任务的时候，并不知道自己忽视了领导在乎的哪些要点。下属所认知的任务和领导所认知的任务并不是同一件事情，这样就会导致事情的结果出现偏差。下面的几个步骤，能帮助你通过沟通来缩小这种偏差。

1.反复确认细节

比如，当你接到安排会议的任务后，不能只是默默承接下来，还要反复咨询领导这次会议涉及的人员范围、会议室布置要求以及时间等细节。当你如此发问的时候，领导很多详细的要求就会浮出水面。

如果你按照领导要求的这些细节去执行又遇到了各种各样的问题，千万不要替领导做决定。因为我们只是执行者而不是决策者。

2.落实到人，做好检查

在你接到领导下达的安排会议的任务后，除了发布会议通知外，你还要给与会者一一打电话，确保每一个人都收到了会议的消息。不仅如此，你还要亲自前往会议室，测试会议需要的每一项工具是否工作正常，会议室布置是否符合领导的要求，并且在会议室门上贴出会议预告的告示。如果有与会的同事因故无法参加，你还要提醒他们及时向领导请假。

3.追踪结果

在会议开始之前，你要给每一位参加会议的人发送与议题相关的资料。会议期间，你要做好会议讨论的详细记录。会议上确定的各种任务你要按照责任人标注好，在会后追踪每个人的完成情况。你还要向领导汇报会议成果，并且写成书面的报告。接受领导布置的任务和向领导汇报工作看起来是两件事，但你会发现，其实两者本质上都是由结果驱动发展的。也就是说，领导要求你下达安排会议的目的并不是让你通知大家开会，而是在于会议最终达成的结果，让你通知与会人员按时参加，准备好会议室也是为了会议最终能够不受干扰地完成。所以我们最后一定要把领导关心的结果汇报好。

在说完如何与领导沟通以后，再来说说如何与客户沟通。有的客户并不知道自己的需求是什么，或者说自己的目的非常模糊。遇到这种情况，你就要引导他一步一步讲清楚，不然就会严重阻碍业务开展的进度。

前文提过，不要替领导做决定，类似的，你也不要轻易替自己的客户做决定。业务上的职责要划分清楚，不要越界。在与客户沟通的时候，你可以评估他的提议是否可行，把具体的理由都告知他，让他决定按照哪个方案来做，但是，你不能因为自己觉得客户不懂就替他确定最后的方案。

"找到需求"属于客户职责的一部分。你只能引导他发现自己的需求，但不能替他挖掘自己的需求。一旦客户发现你并没有满足他的需求，那么就会陷入从头再来的循环之中。

我们的工作都不是孤立的，除了和领导、客户打交道以外，也需要跟其他同事沟通。跟同事沟通的重点在于我们要站在对方的角度去考虑。

比如我以前负责的工作需要向财务部门发送一些表格来报销

月度开支。对于财务部门的同事而言，他们经常会收到一些五花八门的表格，整理起来很麻烦。于是，我站在对方的角度考虑，与财务部门的同事沟通，共同制作了一个符合对方想法的表格模板，这样再进行工作往来的时候就顺畅多了。

再比如在写报告或者起草文件的时候，一定要让阅读的同事看出你报告及文件的价值。你要明确地写出事情的结论、新的发现以及自己的意见等内容，让同事一看就明白。报告、文件中往往夹杂着不少数据，你也应该明确地把这些数据有什么用处写清楚。

既然在工作时沟通的对象是人，那么就要考虑对方的立场，就要追求沟通的简洁性和便利性。在工作时一定要让自己的工作结果更符合工作目的，在解释沟通的时候不要让对方误解你的意图。

最后总结一下高效沟通的方法。在生活中，我们进行沟通时要遵循以下五个步骤：

（1）开始说话前，先明确自己和对方的目标。

（2）分享事实经过。

（3）说出自己的想法。

（4）征询对方的观点。

（5）做出试探性的表达。

在工作沟通时，我们要注意：

（1）跟领导沟通，无论是接受任务还是汇报工作，都记得要坚持结果导向。

（2）跟客户沟通，首先要问清楚客户的需求，记得职责要划分清楚，不要替对方做决定。

（3）跟同事沟通，要站在对方的角度考虑问题。